Magda Bleckmann

Kleines Netzwerk 1 x 1

Die Kunst, Kontakte aktiv zu knüpfen
und bewusst zu pflegen

Leykam

Solisten mit Teamspirit

Niederösterreichs EPU sind eine Erfolgsstory: Sie verkörpern Innovationskraft. Sie stehen für Verantwortung. Sie spiegeln die Vielfalt unserer Wirtschaft. Sie beweisen tagtäglich, wie sehr das bei uns in Niederösterreich geprägte Motto „Einsatzbereitschaft + Professionalität + Unternehmergeist = EPU" stimmt.

Unsere Solistinnen und Solisten stehen freilich nicht alleine: In unserer vernetzten Wirtschaft ist auch die Frage der Vernetzung mit anderen EPU bzw. auch anderen kleineren und größeren Unternehmen eine der Schlüsselfragen für den nachhaltigen Erfolg. Die richtige Entscheidung, welche Aufgaben man selbst erledigt, welche besser ausgelagert werden, kann einen effizienten EPU-Betrieb noch effizienter machen. Und die Wirtschaftskammer Niederösterreich steht als verlässlicher Partner bei Problemen und mit einem breiten Serviceangebot unseren EPU in ihrem Netzwerk zur Verfügung. Denn es ist gut, sich auf sein eigenes Knowhow verlassen zu können. Mit Teamspirit geht aber auch für unternehmerische High Potentials wie unsere EPU manches noch ein Stückchen besser.

Herzlichst

Sonja Zwazl

Sonja Zwazl
Präsidentin der Wirtschaftskammer Niederösterreich

Die Idee zu diesem Buch kam der Autorin aufgrund ihres Artikels „Trau – Schau – Vertrau – mit wem Du kooperierst", den sie in dem Werk „Erfolgreich mit Kooperationen und Netzwerken – Experten berichten aus der Praxis für die Praxis" der Experts Group Kooperation & Netzwerke des WKÖ-Fachverbandes Unternehmensberatung und IT (UBIT), Causal Edition, 2012, veröffentlicht hat.

Stefan Helmreich und Armin Kittl sei für ihre guten Beiträge zu den Themen Netzwerken in den sozialen Medien und systematisches Netzwerken gedankt.

Sonderedition im Auftrag der WKNÖ zum 9. EPU-Erfolgstag 2015

© 2012 Leykam Buchverlagsges. m. b. H. Nfg. & Co. KG, Graz/Austria

www.leykamverlag.at

Layout und Satz: Christian Konrad, www.christiankonrad.io

Lektorat: Rosemarie Konrad, Graz

Gesamtherstellung: Leykam Buchverlag

ISBN 978-3-7011-7840-7

ClimatePartner°
klimaneutral

Druck | ID 10911-1509-1002

Inhalt

1 x 5 der Kontaktpflege

Die Kunst, in Kontakt zu bleiben

1 x 6 des Spaßfaktors

Die Kunst, gemeinsame Erfolgserlebnisse zu schaffen

1 x 7 des Nutzens

Die Kunst, Win-win-win-Situationen herzustellen

2.0 statt 1 x 8

Die Kunst des Netzwerkens in den sozialen Medien

Wozu ein Buch über Netzwerken? Sie haben sich bereits öfters gefragt, wie die oder der das eigentlich schafft? Wieso sie oder er es so weit gebracht hat? Was tun erfolgreiche Menschen, was machen sie anders? Wie erhalten sogenannte Netzwerker schneller wichtige Informationen, wieso bekommen sie bessere Karrieremöglichkeiten als andere? Während die einen abends noch im Büro sitzen, telefonieren und Berichte schreiben, regeln Top-Netzwerker die notwendigsten Dinge bei gemütlichen Gesprächen. Gibt es Werkzeuge, die man anwenden kann, oder Gesetze, die man einhalten muss, um solche Vorteile zu genießen? Ich bin der Meinung, dass Netzwerken notwendig ist, um langfristig erfolgreich zu sein. Natürlich immer gekoppelt an die eigene Leistung. In diesem „1 x 1 des Netzwerkens" erfahren Sie kurz und kompakt, wie Sie richtig Smalltalk führen und Gespräche zu einem Erlebnis machen können, wie Sie Vertrauen schaffen und wie Sie Ihre Kontakte langfristig aufbauen und pflegen können.

Eines vorweg: Im Endeffekt dreht sich alles um Kommunikation und um die innere Einstellung (also die Kommunikation mit sich selbst) und die damit verbundene Selbstpräsentation, mit der wir andere Menschen von uns und unserer Leistung überzeugen und Vertrauen aufbauen können. Und das kann jeder lernen. Es ist ganz einfach: Sie müssen sich nur überlegen, was konkret Sie anders machen, welches Verhalten Sie ändern wollen – wann, wo und wie. Aber: Wenn Sie nicht bereit sind, Ihre Komfortzone zu verlassen, dann wird Ihnen das ganze Buch nichts nutzen. Diese Zone ist das, was Sie kennen, was Sie mögen, wo Sie sich wohlfühlen. Entwicklung und Veränderung sind aber nur möglich, wenn wir einen Schritt aus diesem Bereich herauswagen. Dabei sollten Sie immer beachten, dass Sie sich nicht überfordern und zu viel und alles auf einmal wollen. Fangen Sie klein an, lächeln Sie die Menschen an, denen Sie begegnen, ohne weitere Erwartungen. Erst wenn Ihnen das in Fleisch und Blut übergegangen ist, steigen Sie eine Stufe höher und sagen hallo zu denen, die zurücklächeln. Und wenn es dann viele Menschen gibt, die Ihren Gruß erwidern, dann sprechen Sie sie an, stellen Fragen, beginnen ein Gespräch – einfach so, ohne Hintergedanken. Betrachten Sie es als einen Spaß, eine Übung. Und Sie werden sehen: Es lohnt sich, aus Ihrer Komfortzone herauszukommen.

Um Ihnen die Sache zu erleichtern, gibt es am Ende jedes Kapitels eine Zusammenfassung der wichtigsten Punkte in Form einer kurzen Checkliste, anhand der Sie Ihr Verhalten einschätzen können. Entscheiden Sie selbst und ehrlich, welche der Anforderungen Sie erfüllen. Dort, wo Sie ein Defizit ausmachen, müssen Sie sich überlegen, was Sie verändern können. Das heißt: Wie werden Sie sich morgen verhalten, wenn Sie Ihre Schwächen beseitigt haben? Was konkret werden Sie dafür tun? Wenn Sie einen umfassenden Check über Ihre Netzwerkkompetenz machen wollen, können Sie diesen gerne über office@magdableckmann.at anfordern. Einen Gratis-Kurzcheck und den Download für die unten angeführten Checks gibt es für Sie auf meiner Homepage www.magdableckmann.at.

1 x 1
des Smalltalks

Die Kunst, mit fremden
Menschen ins Gespräch
zu kommen

Der erste Schritt: Tun Sie es! Ich sage immer wieder: Netzwerken kann jeder lernen. Sie müssen es nur wollen und einen Sinn für sich darin sehen. Eines der wichtigsten Werkzeuge des Netzwerkens ist der Smalltalk und das damit verbundene Ansprechen von uns bisher fremden Menschen. Natürlich bedeutet das für viele eine Überwindung, da die meisten von uns von Natur aus eher schüchtern sind. Aber genau darum geht es: Man muss über seinen Schatten springen und es

Springen Sie über Ihren eigenen Schatten!

einfach tun. Sie werden sehen: Es lohnt sich. Sie werden andere, neue, interessante Menschen kennenlernen, Sie werden früher als andere Informationen bekommen, auf Ihrer Karriereleiter schneller vorankommen und damit auch Ihren Umsatz bzw. Ihr Output steigern können.

Wenn Sie jemanden kennenlernen wollen, dann tun Sie es einfach, aber überlegen Sie sich vorher eine Strategie:

* *Wie kann ich es angehen?*
* *Wer kennt die Person?*
* *Wer könnte mich mit ihr bekannt machen?*
* *Welche Veranstaltungen besucht die Zielperson?*
* *Was ist diesem Menschen wichtig?*
* *Welche Hobbys hat er?*

Das klingt für Sie nach zu viel Aufwand? Je mehr Sie sich mit dieser Person beschäftigen, desto eher werden Sie jemanden treffen, der Ihnen behilflich sein kann, sie kennenzulernen. Oder Sie werden die Person zufällig treffen, und dann geht es darum, die richtigen Fragen zu stellen und nicht wie ein verliebtes Mädchen oder ein pubertärer Junge rot zu werden, zu stottern und am Ende kein Wort herauszubringen. Kennen Sie diese Situation? Endlich stehen wir vor dem Menschen, mit dem wir schon ewig einmal sprechen wollten, und dann fällt uns nichts mehr ein, wir bringen keinen Ton heraus ...

Beim Skifahren hatte ich einmal eine interessante Begegnung: Ich war allein unterwegs, mit einer Saisonkarte, und so konnte das Liftpersonal lesen, wer die Person war, die da das Drehkreuz passierte. Als ich mich zum zweiten Mal beim selben Lift anstellte, sprang auf einmal einer vom Liftpersonal heraus und fragte, ob er mitfahren dürfe.

Entwickeln Sie eine Kennenlern-Strategie.

„Klar", sagte ich, „ich freu mich ja, wenn ich nicht allein fahren muss und Gesellschaft habe." Wir fuhren also zusammen hinauf, unterhielten uns bestens, und er sprach mich gleich auf ein paar Gemeinsamkeiten an. Ich habe mich damals gefreut, und ich denke, der Liftler hatte das Erfolgserlebnis des Tages, denn ich bin mir sicher, dass er sich überwinden musste, um sich überhaupt zu trauen, mich anzusprechen und mit mir mitzufahren. Aber er hat es einfach getan. Egal, was passiert. Denn was soll denn schon passieren?

Die Frage ist: Was kann Ihnen im schlimmsten Fall passieren, wenn Sie jemanden ansprechen? Denken Sie bitte darüber nach, bevor Sie weiterlesen ...

Mir fällt nur eine Sache ein, nämlich dass der andere kein Interesse hat und somit ein Nein zu einem Gespräch mit mir signalisiert, also Ablehnung. Deshalb werde ich jedoch weder krank noch kann ich daran sterben, noch verliere ich mein Hab und Gut. Und auch die Welt geht deswegen nicht unter. Also was soll's? Es geht einfach um den Mut, es zu tun, sich zu trauen.

Schritt zwei: Sich vorstellen und fragen!

Wenn wir einmal den Mut aufgebracht haben, jemanden anzusprechen, dann geht es darum, sich vorzustellen. Und ein paar interessierte Fragen zu stellen. Am besten ist es, also sozusagen die Idealsituation, wenn wir auf Menschen zugehen, die allein an einem Tisch stehen und nicht ins Essen vertieft sind. Die erste Frage lautet: „Darf ich mich dazustellen?", und schon geben wir uns die Hand und stellen uns vor. Hier ist es

Bereiten Sie sich fünf Fragen vor.

wichtig, dass Sie Ihren Namen laut und deutlich aussprechen, sodass ihn der andere versteht, und Sie sollten auch den anderen nach seinem Namen fragen, ihn wiederholen und sich ihn merken.

An dieser Stelle gerät das Gespräch aber schon oft ins Stocken, denn: Was soll ich jetzt sagen? Ich will ja nicht aufdringlich sein, und zu oberflächlich will ich auch nicht wirken. Solche oder ähnliche Gedanken schießen vielen Menschen in diesem Moment durch den Kopf, und schon behindern wir uns selbst.

Legen Sie sich fünf Fragen zurecht, die für Sie passen, die Sie selbst gern bei einem Smalltalk gestellt bekommen würden, und die können Sie nun immer bei Ihnen bisher fremden

Personen verwenden. Sie werden sehen: Das Eis ist schnell gebrochen. Hier ein paar Beispiele – wichtig ist, dass Sie W-Fragen stellen, also offene Fragen, die es Ihrem Gegenüber leicht machen, Ihnen zu antworten:

* *Was führt Sie zu dieser Veranstaltung?*
* *Was machen Sie beruflich?*
* *Was hat Ihnen besonders gut gefallen?*
* *Welchen Bezug haben Sie zum Thema?*
* *Kennen wir uns nicht von irgendwoher? (Das ist zwar keine klassische W-Frage, aber mit ein bisschen Fantasie werden Sie schnell herausbekommen, woher Sie sich kennen.)*

Auf die Frage „Was machen Sie beruflich" sollten Sie selbst auch gut vorbereitet sein. Denn darauf müssen Sie eine kurze und prägnante Antwort parat haben, die Ihre Leistung bzw. Arbeit witzig, knapp, interessant und Neugierde weckend präsentiert. In der Verkäufersprache nennt man das „Elevator Pitch". Sie brauchen dazu auch einen guten Gedächtnisanker, denn das ist die zweite Möglichkeit, dass sich Ihr Gegenüber Ihren Namen bzw. Ihre Leistung merkt und Sie in Erinnerung behält. Ausführlicheres dazu in meinem Buch „Die geheimen Regeln der Seilschaften – erfolgreich netzwerken", und auch in meinen Seminaren widme ich diesem Thema sehr viel Aufmerksamkeit.

Und schon sind die ersten Minuten vorüber. Jetzt gibt es eigentlich nur zwei Varianten: Entweder Ihr Gegenüber antwortet wortkarg und signalisiert keine Interesse, oder Sie sind bereits mitten drin, im zweiten Teil des perfekten Smalltalks.

Schritt drei: Gemeinsamkeiten suchen und finden! Das ist in meinen Augen das Herzstück eines Gesprächs. Wenn es nicht gelingt, innerhalb der ersten vier Minuten etwas zu finden, das beide Gesprächspartner interessiert, wird es zu keinem intensiveren Austausch kommen, im Gegenteil – das Ende naht. Was also könnten solche Gemeinsamkeiten sein? Oft sind es ähnliche Ausbildungswege, Hobbys, Sport oder gemeinsame Freunde. Also fragen Sie:

* *Wo verbringen Sie Ihren Urlaub?*
* *Was machen Sie denn sonst so in Ihrer Freizeit?*
* *Welche Ausbildung haben Sie gemacht, wo waren Sie da?*
* *In Ihrer Branche kenne ich den Herrn, die Frau Sowieso, kennen Sie den oder die?*

Wenn wir offen und ohne Vorurteile auf andere zugehen, finden wir immer einen gemeinsamen Punkt, etwas, was uns beide interessiert, wovon zu reden sich auszahlt. Mit offenen, aktiven und aufmerksamen Fragen können wir uns annähern. Und wenn Sie ein Thema gefunden haben, dann wird der Austausch der Visitenkarten sehr erleichtert. Doch bevor wir das tun und ein Folgegespräch vereinbaren, weil unser Gespräch ja so spannend war und es sich lohnt, das gemeinsame Thema zu vertiefen, sollten wir unserem Gegenüber noch einen Nutzen bieten, uns interessant machen, sodass der andere den Kontakt zu uns sucht und natürlich auch gern mit uns in Verbindung bleibt.

Durch Gemeinsamkeiten Sympathie herstellen.

Schritt vier: Nutzen bieten und Visitenkarten austauschen!

Es ist unbedingt notwendig, dass Sie wissen, was Ihr Gesprächspartner beruflich macht, denn nur dann können Sie sich überlegen, wen Sie kennen, der für ihn hilfreich und interessant sein könnte. Stellen Sie in Aussicht, einen Kontakt herzustellen, vielleicht haben Sie wichtige Informationen zu seinem Thema, oder bieten Sie eine Einladung zu einer spannenden Veranstaltung an, am besten etwas, was Sie gemeinsam interessiert. Und schon werden Sie interessant. Danach fällt es leicht, zu sagen: „Wie soll ich die Kontaktdaten übermitteln?" „Wo soll ich das denn hinschicken?" Und schon sind die Karten ausgetauscht. Aber was jetzt? Wenden Sie sich der nächsten Person zu, um Ihre Kontakte zu vermehren. Ein richtiger Smalltalk dauert nicht länger als acht Minuten.

Überlegen Sie, wie Sie dem anderen hilfreich sein können.

Oft wird mir auch die Frage gestellt, wie man sich denn wieder verabschieden kann. Ganz einfach: „Auf Wiedersehen, wir sehen uns wieder." Wenn Sie wollen mit dem Beisatz: „Ich muss noch weiter." Das ist absolut zulässig. Wichtig ist, dass Sie dabei höflich bleiben und nicht in Aussicht stellen, nur schnell etwas vom Buffet zu holen, und dann nie mehr wieder erscheinen. Denn eines ist beim Smalltalk und in weiterer Folge bei den Folgeterminen besonders wichtig: Achten Sie immer auf ein höfliches Auftreten.

Und was sonst noch sein muss ... Jeder von uns liebt es, höflich und zuvorkommend behandelt zu werden. Menschlichkeit und Herzlichkeit sind Eigenschaften, die wir an anderen gerne sehen, und das geht meistens mit Höflichkeit und gutem Benehmen einher. Wenn wir wissen, wie wir uns anderen Menschen vorstellen, dann haben wir schon viel gewonnen. Wenn wir wissen, wie wir uns in einem teuren Lokal und bei einem exquisiten Buffet zu verhalten haben, wenn wir wissen, in welcher Reihenfolge das Besteck verwendet, wie der Wein verkostet wird, dann fallen wir angenehm auf. Wenn wir wissen, wer wem die Hand gibt und wer wem und wann das Du-Wort anbieten kann, dann können wir uns in der Gesellschaft selbstbewusst und sicher bewegen. Und dann lautet die Meinung über uns: „Der oder die weiß, was sich gehört."

Höflichkeit und angenehmes Auftreten gehören dazu.

Auch hier gehört ein gewisses Maß an Vorbereitung dazu. Wenn ich mit Persönlichkeiten ins Gespräch kommen will, informiere ich mich über diese Person im Vorhinein. Ich überlege mir, was ich fragen will, welche Themen ich anschneiden kann, wie ich das Interesse für mich wecken kann. Früher nannte man das „Konversation machen".

Zu Ihrem Auftritt gehört neben dem Benehmen vor allem auch die Kleidung. Wichtig ist es, stets ordentlich und gepflegt zu erscheinen. Natürlich können Sie Ihr Outfit auch zu Ihrem Markenzeichen machen, immer einen Hut oder eine bestimmte Farbe tragen. Sie sollten dabei aber immer bedenken: Passt das zu mir, zu meinem Stil, zu meiner Position, zu meiner Firma, und was will ich damit aussagen? Wenn Sie über Ihre Kleidung Kompetenz ausstrahlen wollen, liegen Sie mit dunklen, gedeckten Farben immer richtig, natürlich unter Berücksichtigung Ihres Farbtyps. Wichtig sind auch Ihre Schuhe, die sollten immer sauber und teuer sein. Es klingt vielleicht lächerlich, aber wirklich viele Menschen achten darauf, wenn sie andere beurteilen. Sparen Sie nicht, wenn Sie Ihr Business-Outfit erstehen, denn „Kleider machen Leute". Sie wissen ja, die ersten Sekunden entscheiden, beeinflussen den Eindruck, den andere von Ihnen gewinnen. Achten Sie nicht nur

Kleiden Sie sich passend zum Anlass – im Einklang mit Ihrem eigenen Stil.

auf Ihre Kleidung, sondern auch auf Ihre Frisur, auf gepflegte Hände, denn Sie werden immer als gesamte Persönlichkeit wahrgenommen. Damit können Sie eine nicht von Gott gegebene Attraktivität wettmachen. Denn seien Sie ehrlich: Wer von uns ist nicht gern von hübschen, feschen und gut angezogenen Menschen umgeben?

Für die folgende und alle anderen Checklisten noch ein Tipp von mir: Geben Sie die Listen auch anderen Personen zum Ausfüllen. So erhalten Sie Rückmeldungen darüber, wie andere Menschen Sie sehen. Wenn Sie den Check vorher selbst ausgefüllt haben, sehen Sie, ob Ihr Eigenbild mit dem Fremdbild übereinstimmt.

Smalltalk	sehr gut	gut	Defizit
Ich gehe aktiv auf mir fremde Menschen zu.			
Ich stelle mich so vor, dass sich andere an mich erinnern.			
Ich habe mehrere Anfangsfragen parat.			
Ich suche bewusst nach Gemeinsamkeiten.			
Ich mache mich interessant.			
Ich biete einen Nutzen.			
Ich tausche aktiv Visitenkarten aus.			

Höfliches Auftreten	sehr gut	gut	Defizit
Ich bin höflich und habe gute Manieren.			
Ich kenne mein Gegenüber namentlich.			
Ich weiß, wer wem zuerst die Hand gibt.			
Ich mache Komplimente, ich lobe.			
Ich spreche von anderen mit Wertschätzung.			
Ich stelle Menschen einander vor.			
Ich weiß, wer wem das Du-Wort anbietet.			
Ich bin stets gepflegt gekleidet.			
Man sagt von mir, dass ich eine „gute Kinderstube" habe.			
Andere sagen von mir, dass ich herzlich bin.			
Andere sagen von mir, dass ich attraktiv bin.			

1x2 der Wertschätzung

Die Kunst, Interesse zu zeigen und interessant zu sein

Aufmerksam sein! Überlegen Sie einmal, wie es Ihnen geht, wenn Ihnen andere Menschen konzentriert zuhören, Ihnen Aufmerksamkeit und Interesse schenken. Die Antwort, die ich von meinen Seminarteilnehmern auf diese Frage bekomme, ist: „Ich fühle mich wertgeschätzt und ernst genommen." Und das geht ganz einfach – mit aktivem, interessiertem Zuhören.

Dieser Punkt ist ganz eng mit dem Thema Sympathie verknüpft. Menschen, die uns aufmerksam zuhören und Fragen stellen, die sich für uns interessieren, sind uns auch gleich sympathisch. Es geht um eine wertschätzende, respektvolle Kommunikation, um echtes Interesse an unserem Gegenüber. Damit ist aber keineswegs die Floskel „Wie geht's?", die am Anfang eines jeden Gespräches steht, gemeint. Probieren Sie es einmal aus

Ehrliche und respektvolle Kommunikation. und antworten Sie auf diese Frage mit: „Schlecht!" Was passiert dann? Meine Erfahrungswerte sind, dass mehr als 50 Prozent der Leute die Antwort entweder gar nicht hören, nichts darauf erwidern oder einfach nicht wissen, wie sie damit umgehen sollen. Im Gegenteil, sie sprechen einfach weiter, wollen also gar nicht wissen, wie es uns wirklich geht. Was will ich damit sagen? Wenn wir schon Fragen stellen, dann sollten wir auch auf die Antworten hören und uns dafür interessieren, vielleicht auch einmal nachhaken. Und wie schon gesagt: Wenn wir über unser Gegenüber wirklich etwas erfahren wollen, sind offene W-Fragen sehr hilfreich. Was uns ebenfalls von anderen abheben kann, ist, uns den

Namen unseres Gesprächspartners zu merken. Wir alle lieben es, wenn wir mit unserem Namen angesprochen werden, denn es gibt uns das Gefühl, wichtig zu sein, vom anderen ernst genommen zu werden. Und zwar so wichtig, dass sich der andere unseren Namen gemerkt hat. Was hindert uns also daran, unserem Gesprächspartner genau dieses Gefühl zu vermitteln, indem wir uns seinen Namen merken? Dazu gibt es sogar Seminare, in denen man das lernen kann. Ein toller Gedächtnistrainer

Sprechen Sie Ihr Gegenüber mit Namen an.

ist zum Beispiel Oliver Geisselhart, und auch die „Österreichische Gedächtnismeisterin" Marie Luise Sommer bietet derartige Kurse an.

Aber es geht nicht um die Namen allein, es geht auch darum, sich in andere Menschen hineinzufühlen. Zu spüren, ob jemand gerade gesprächsbereit ist oder ob er mit anderen Dingen beschäftigt ist. Kurz gesagt: Man muss den richtigen Zeitpunkt erkennen, wann man auf jemanden zugehen kann. Dabei ist eines der ausschlaggebenden Signale der Blickkontakt.

Ein weiteres wichtiges Kriterium: Gespräche müssen offen geführt werden – und ohne dass Sie sich gleich Vorteile erwarten. Gerade Menschen, die eine andere Einstellung oder Meinung haben, können oft interessante Facetten zu einem Thema beitragen, Personen aus anderen Branchen oder fremden Kulturen können unseren Horizont erweitern.

Sich interessant machen! Immer wieder kommen SeminarteilnehmerInnen zu mir und fragen: „Frau Bleckmann, ich bin ja nicht wichtig, nicht bekannt, nicht prominent, warum sollte ich denn für einen anderen interessant sein, der mit mir reden oder kooperieren soll?" Sicher ist es einfacher, wenn Sie schon bekannt und berühmt sind, aber das allein macht es nicht aus. Wie Sie anhand der nächsten Checkliste sehen, gibt es viele Möglichkeiten, für andere Menschen interessant zu sein. Überlegen Sie, in welchem Bereich Sie ein Experte sind, was Sie besser machen als andere, wie und wo Sie anderen einen Nutzen bringen könnten. Viele Menschen lieben es, gut informiert zu sein. Lesen Sie Zeitungen und haben Sie Neuigkeiten parat. Jeder von uns hat ein Thema, ein Wissensgebiet, in dem er mehr weiß als andere, und das gilt es auszubauen. Ich habe mir aufgrund meiner früheren politischen Tätigkeit ein großes Wissen über die Abläufe im öffentlichen Bereich und in der Gesetzgebung angeeignet,

Mit welcher Expertise können Sie Nutzen bringen?

über das sonst nicht viele verfügen. Ich kenne viele wichtige, aber auch unwichtige Menschen, und ich habe schon immer Menschen zusammengebracht, damit sie voneinander profitieren und miteinander Geschäfte machen können. Genau das habe ich zu meiner Expertise gemacht: Ich unterstütze Menschen und Firmen beim Aus- und Aufbau ihrer Netzwerke – als Expertin für Erfolgsnetzwerke. Darüber hinaus mache ich Führungskräftetrainings und Einzelcoaching, die sich mit der Expertise wunderbar mit verkaufen.

Suchen Sie das heraus, was an Ihnen besonders ist, was Sie besser oder zumindest anders machen als andere, und schon haben Sie etwas gefunden, was Sie auszeichnet und für andere spannend macht. Bauen Sie sich einen Bekanntheitsgrad auf, verfassen Sie Artikel, bloggen Sie, schreiben Sie ein Buch. Werden Sie zu einem Experten in Ihrem Fach.

Es gibt etwas, was Sie besser als andere können!

Überlegen Sie, welchen Nutzen Sie der Gesellschaft damit bieten können, für welche Zielgruppe das interessant sein könnte, und bringen Sie sich genau dort ins Gespräch, und zwar so, dass sich die Menschen an Sie erinnern. Dazu müssten Sie einen guten Gedächtnisanker finden, der sie im wahrsten Sinne des Wortes „merk-würdig" macht. Wie Sie das am besten bewerkstelligen können, steht in meinem Buch „Die geheimen Regeln der Seilschaften – erfolgreich netzwerken", oder Sie können in meinen Seminaren Näheres erfahren.

Noch einfacher ist es natürlich, wenn Sie bereits eine wichtige, interessante oder einflussreiche Funktion bekleiden, als Aufsichtsrat, Geschäftsführer oder Vorstand. Dann gilt es aber manchmal, sich auch rar zu machen, denn gerade Menschen, die man nicht so oft trifft, sind für andere interessant. Und wenn solche Leute dann einmal bei einer Veranstaltung auftauchen, ist das für viele ein Grund, anwesend zu sein.

Interessiert – kommunikativ	sehr gut	gut	Defizit
Ich verwende offene W-Fragen im Gespräch.			
Ich höre aktiv und aufmerksam zu.			
Ich spreche mein Gegenüber mit seinem Namen an.			
Ich habe eine gute Beobachtungsgabe.			
Ich bin offen für neue, andere Ideen.			
Ich lasse mein Gegenüber ausreden.			
Ich kann mich in andere hineinfühlen.			
Ich interessiere mich für andere Menschen.			
Ich halte angemessenen Blickkontakt.			
Andere sagen von mir, dass ich ein guter, aufmerksamer Gesprächspartner bin.			

Interessant	sehr gut	gut	Defizit
Andere erinnern sich an mich und meinen Namen.			
Ich habe zu Themen eine eigene Meinung und spreche sie auch aus.			
Ich überlege immer, welchen Nutzen ich meinem Gegenüber bieten kann.			
Ich bin Experte auf einem bestimmten Gebiet.			
Ich habe etwas Außergewöhnliches geleistet.			
Ich bin bekannt, prominent.			
Ich bekleide eine wichtige Position.			
Ich bin einflussreich.			

1 x 3
der inneren
Einstellung

Die Kunst, sich selbst zu achten

Sich selbst loben und lieben! Wie geht es Ihnen, wenn Sie am Abend Ihren Tag Revue passieren lassen? Welches Programm läuft dann bei Ihnen ab? Kommen Ihnen die folgenden Sätze bekannt vor: „Bei dem Kunden hätte ich sicher noch mehr rausholen können." „Da hast du nicht dein Bestes gegeben." „Herr Maier hat das viel besser gemacht, wieso hab ich da nichts gesagt?" „Was ist dir denn da schon wieder eingefallen?"

Die meisten von uns haben einen stark ausgeprägten Sinn für Selbstkritik. Wenn sie einen inneren Dialog führen, dann denken viele oft negativ über sich selbst. Kennen Sie das? Wie oft haben Sie schon für sich selbst Wörter wie „falsch", „Fehler" oder „Idiot" verwendet? Es gibt ja schon genug Bücher über die Kraft des Unterbewusstseins, die uns vermitteln: So wie wir mit uns selbst oder auch mit unseren Kindern sprechen, so wird es auch sein, genau so wird es auch eintreffen. Und wenn wir das oft genug wiederholen, wird es uns unser Unterbewusstsein auch irgendwann einmal glauben.

Führen Sie ein Erfolgstagebuch.

Dass man sich selbst auf die Schulter klopft, das ist heute eigentlich ganz aus der Mode gekommen, denn das machen ja nur Machos und Selbstdarsteller, und das wollen wir auf keinen Fall sein. Aber trotzdem: Wir brauchen uns selbst gegenüber viel mehr Anerkennung und Lob, keine Vergleiche mit anderen, die schlecht für uns ausfallen. Heilsame Worte, an uns selbst gerichtet, vor allem am Abend, sind Balsam für unsere Seele: „Das hast du gut gemacht!" Oder: „Da bist du wirklich über dich hinausgewachsen!" Und: „Dem Herrn

Müller gegenüber hast du deine Meinung heute standhaft vertreten, weiter so!"

Wir leben in einem Zeitalter der Fehlersuche, und so fallen uns nur mehr die negativen Dinge auf. Das bekommen wir schon in der Schule vermittelt: Im Diktat sind nur die Fehler rot angestrichen, und das, was alles gut gemacht wurde, wird nicht hervorgehoben. Wer hindert uns daran, das für uns selbst zu ändern? Nur wir selbst. Machen Sie sich bewusst, wie Sie mit sich sprechen, notieren Sie einmal Ihre **Schenken Sie sich selbst Anerkennung.** Aussagen, die Sie sich über sich selbst in Gedanken machen. Was schießt Ihnen durch den Kopf, wenn Sie unbekannte Menschen ansprechen sollen? Höre ich da so Sätze wie: „Das kann ich nicht. Das ist mir peinlich." Oder: „Was soll ich denn sagen, mir fällt ja nichts ein. Ich bin ja eh nicht interessant." Finden Sie sich wieder, hören Sie sich selbst?

Jetzt überlegen Sie, wie Sie es positiv formulieren könnten. Zum Beispiel: „Den ersten Schritt habe ich schon geschafft, den nächsten schaffe ich auch noch." Oder: „Keinen Kontakt habe ich schon" (angelehnt an das Buch „Nicht gekauft hat er schon" von Martin Limbeck). Wie lauten Ihre Formulierungen? Denken Sie jetzt darüber nach.

Oder fallen Ihnen zum Thema Netzwerken immer wieder ketzerische Sätze ein, zum Beispiel: „Dafür hab ich eh keine Zeit." „Ich bin sowieso eine Netzwerkniete." „Das bringt doch sowieso nichts." Wenn Sie es sich oft genug sagen, dann wird es auch so sein. Ich jedoch bin der Meinung: Jeder kann Netzwerken lernen. Sie müssen nur das dafür notwendige Wissen haben und einen Sinn darin sehen. Was könnte also für Sie der Zugang zum Netzwerken sein? Eine entscheidende Frage, die ich nicht beantworten kann, denn das können nur Sie für sich selbst schlüssig erklären, damit es für Sie wichtig wird. Die Vorteile liegen auf der Hand:

* *Sie kommen schneller zu Informationen als andere.*
* *Sie klettern die Karriereleiter schneller hinauf.*
* *Sie sparen Zeit.*
* *Sie machen mehr Umsatz.*
* *Sie haben mehr Erfolg.*
* *Sie fühlen sich sicherer.*

Wenn Sie wissen, wen Sie anrufen können, wenn Sie etwas brauchen, geht es Ihnen schlichtweg besser – in allen Lebensbereichen. Wenn zum Beispiel bei meinen Ausführungen bisher noch nichts dabei gewesen ist, was für Sie bedeutend sein könnte, was Ihnen als Schlüssel zum Netzwerken dienen könnte, dann kontaktieren Sie mich bitte unter office@magdableckmann.at, und ich bin mir sicher, dass wir gemeinsam etwas finden werden. Denn Netzwerken funktioniert nur, wenn Sie entweder sowieso extrovertiert sind oder wenn Sie als Introvertierter einen Nutzen darin sehen. Nur die Ausrede, ich kann das nicht, weil ich introvertiert bin, gilt nicht. Spätestens seit dem Buch „Networking für Networkinghasser" von Devora Zack ist klar, dass auch Introvertierte sehr gute Netzwerker sein können, auf ihre Art. Auch für mich gibt es unterschiedlichste Netzwerktypen und -arten, und so können Sie die für Sie passenden heraussuchen und Ihre eigene Netzwerkstrategie entwickeln.

Also, wie könnten Sie Netzwerken für sich positiv sehen? Machen Sie sich dazu schriftliche Gedanken. Stellen Sie sich vor, dass Sie durch Netzwerken vielleicht einen neuen Lebenspartner, neue Geschäftspartner finden könnten oder eine zündende Idee für Ihr Business erhalten. Was auch immer es ist, es kommt auf Ihre innere **Es ist alles eine Sache der Einstellung!** Einstellung an, ob das Netzwerken für Sie überhaupt erfolgreich sein kann. Denn die Menschen, mit denen Sie zu tun haben, merken, ob es Ihnen Freude macht, mit ihnen zusammen zu sein, oder ob es Ihnen lästig ist. Je nach Ihrer Einstellung.

Innere Einstellung	sehr gut	gut	Defizit
Ich bin selbstbewusst.			
Ich habe eine positive Lebens- bzw. Grundeinstellung.			
Ich kann mich selbst loben und anerkennen.			
Ich kenne die Vorteile des Netzwerkens.			
Ich nehme mir bewusst Zeit fürs Netzwerken.			
Ich übe mich darin, meine Gedanken zu kontrollieren.			

1 x 4 des Beziehungs- aufbaus

Die Kunst, Vertrauen aufzubauen

Positive Gefühle erwecken! Kennen Sie das Gefühl? Sie sprechen mit einer Person, die Sie vorher noch nie gesehen haben – und Sie wissen von Anfang an, dass dieser Mensch Ihnen sympathisch ist. Sie fühlen sich in seiner Gesellschaft wohl, ernst genommen und angenommen. Und jetzt die Frage: Was ist es, was steckt dahinter, dass es gewissen Leuten gelingt, bei anderen sofort positive Gefühle hervorzurufen? Was machen diese Menschen anders oder besser als andere, warum vertrauen wir ihnen?

Aufgrund meiner Erfahrungen haben sich im Wesentlichen sieben Kriterien herauskristallisiert, die dafür ausschlaggebend sind, dass wir anderen Menschen vertrauen:

* *Höflichkeit und Auftreten (Kapitel 1 x 1)*
* *Interesse zeigen und kommunikativ sein (Kapitel 1 x 2)*
* *Interessant sein (Kapitel 1 x 2)*
* *Verlässlichkeit und Verschwiegenheit*
* *Ehrlichkeit und Authentizität*
* *Kompetenz und Ausstrahlung (Kapitel 1 x 5)*
* *Sympathie (Kapitel 1 x 5)*

Über einige Punkte finden Sie in den entsprechenden Kapiteln Näheres, an dieser Stelle besonders herausgreifen möchte ich die Merkmale Verlässlichkeit und Verschwiegenheit sowie Ehrlichkeit und Authentizität. Die folgenden Ausführungen sind an meinen Artikel „Trau – Schau – Vertrau – mit wem Du kooperierst" in dem Buch „Erfolgreich mit Kooperationen und Netzwerken" angelehnt.

Verlässlich sein! Zuverlässigkeit ist für mich einer der wichtigsten Punkte, wenn es darum geht, Vertrauen aufzubauen, gemeinsam Geschäfte zu machen und zu kooperieren. Deshalb werde ich es auch noch einmal beim Thema Kooperation ansprechen. Denn nur wenn ich weiß, dass mein Partner seine Zusagen einhält, habe ich bei einer Begegnung und auch bei einer Zusammenarbeit ein gutes Gefühl. Das Motto muss lauten: „I walk what I talk." (Frei übersetzt: Ich halte meine Versprechen.) Wenn dieses Gefühl vorhanden ist, muss man nicht gleich bei jedem Anlass einen Vertrag aufsetzen, sondern die gute alte Handschlagqualität kann zum Zug kommen. Leider ist es ganz aus der Mode gekommen, eine Vereinbarung per Handschlag zu besiegeln. Umso wertvoller sind jene Menschen, die noch nach dieser Maxime leben und Zusagen, die sie mündlich geben, auch einhalten – ohne schriftliche Vereinbarungen. Auf solche Leute können wir uns verlassen. Wir können ihnen vertrauen.

Halten Sie Ihre Versprechen und Ihre Zusagen – zu 100 Prozent.

Wie aber machen wir das nun bei anderen fest, wie wissen wir, ob jemand zuverlässig ist? Ein deutliches Signal für Verlässlichkeit ist Pünktlichkeit. Oder zumindest ein rechtzeitiger Anruf, wenn man einen vereinbarten Termin nicht einhalten kann. Ein anderes Anzeichen für Zuverlässigkeit ist Verantwortung. Damit meine ich zum Beispiel, dass man die Verantwortung für das Aufrechterhalten einer Beziehung übernimmt und für diejenige Person auch erreichbar ist, wenn sie einen braucht. Und wenn das einmal nicht der Fall sein sollte, sollte man zumindest verlässlich zurückrufen. Wenn Sie wissen wollen, wie andere Sie in diesem Punkt beurteilen, dann fragen Sie doch einfach, ob sie in Ihnen einen zukünftigen Partner sehen würden, ob sie mit Ihnen ein Geschäft beginnen würden, zum Beispiel eine GmbH gründen. Da bekommen Sie ganz schnell den Spiegel vorgehalten. Ko-

Vertrauen entsteht dort, wo ihm Raum gegeben wird.

operationen können langfristig nur erfolgreich sein, wenn alle Beteiligten sich verantwortlich fühlen, ihre Aufgaben zuverlässig erledigen und ehrlich miteinander kommunizieren.

Wenn Sie sich von der Masse abheben wollen, dann erledigen Sie Ihre Zusagen einmal vor der vereinbarten Zeit – das wird Ihren Partner verblüffen, denn das ist heutzutage nicht mehr üblich, in einer Zeit, in der alles im letzten Moment und meist zu spät gemacht wird.

Über die Vereinbarung hinaus geht das Commitment: „Commitment ist ein Versprechen, es schaut nicht auf das, was fehlt, sondern auf das, was möglich ist … es liegt auf der Hand, dass man niemanden verpflichten kann. Commitment ist wie Vertrauen. Sie können es nur schenken. Commitment können Sie nicht fordern." (Reinhard K. Sprenger). Es ist einfach eine Form der Hingabe, der Bindung, eine Art moralischer Verpflichtung. Probieren Sie einfach die Kraft eines hundertprozentigen Commitments aus, und Sie werden sehen, es wirkt anders wie ein locker dahingesagtes Versprechen. Ähnlich verhält es sich mit Engagement. Auch sich für eine

Sache zu engagieren, sich persönlich für etwas einzusetzen, ist Ausdruck von Verantwortung und Zuverlässigkeit.

Ein weiterer wichtiger Punkt: Bereiten Sie sich auf Termine vor! Es spart Zeit und Geld, wenn beide Gesprächspartner wissen, was sie wollen, was das Ziel *Treffen Sie Vorbereitungen,* des Meetings sein soll, denn dann *machen Sie einen Plan.* wird auch schneller ein besseres Ergebnis herauskommen. Das funktioniert aber nur, wenn Sie die Zeit für die Vorbereitung in Ihrer Terminplanung fix eintragen.

Verschwiegen sein!

Neben der Verlässlichkeit ist beim Vertrauensaufbau die Verschwiegenheit ein wichtiger Aspekt. Wenn ich mir sicher bin, dass ich mit jemandem vertrauliche, heikle Dinge besprechen kann, ohne dass es morgen alle wissen, dann fühle ich mich bei dieser Person sicher und wohl. Um selbst Vertrauen zu genießen, muss ich aber zuerst auch bereit sein, Vertrauen in andere zu setzen, sozusagen einen Vertrauensvorschuss zu geben, sonst werde ich nie erfahren, ob die Diskretion gewahrt wird. Ich muss bereit sein, auch etwas von mir preiszugeben, denn oft sind andere erst dann bereit, auch von sich etwas zu erzählen. Ich finde es immer wieder spannend: Wenn ich von meiner politischen Vergangenheit erzähle, berichtet auf einmal fast jeder meiner Gesprächspartner von seinen eigenen politischen Aktivitäten – ein Thema, das sonst vor allem beim Smalltalk tabu ist. Aber Fakt ist: Wenn ich etwas von mir erzähle, dann kommt mein Gegenüber auch aus der

Reserve heraus. Auch wenn es wichtig ist, immer mit den neuesten Informationen versorgt zu sein, muss man doch gut überlegen, was man weitererzählen kann oder ob es einem unter dem Siegel der Verschwiegenheit anvertraut wurde. Im Zweifelsfall frage ich nach, ob ich Informationen weitergeben darf – nur so werden mir andere mit der Zeit vertrauen.

Zum Vertrauensaufbau gehört auch Loyalität. Wenn ich entschieden habe, mit einer Person zu kooperieren, dann bin ich eine verbindliche Verpflichtung eingegangen und kann nicht mehr schlecht über diese Person sprechen. Schillers Worte „Drum prüfe, wer sich ewig bindet" haben nicht umsonst die Jahrhunderte überdauert, denn gerade auch im Geschäftsleben gilt es, zusammenzuhalten und sich gegenseitig zu unterstützen.

Ehrlich und authentisch sein! Ehrlichkeit und Authentizität werden in meinen Seminaren immer am häufigsten genannt, wenn es darum geht, ob jemand vertrauenswürdig ist. Deshalb stehen diese beiden Begriffe auch für mich an oberster Stelle und zugleich als Überbegriff *Loyalität und gegenseitiger Respekt.* für die gesamte Thematik.

Denn wenn die anderen Bereiche erfüllt sind, haben wir automatisch auch den Eindruck und das subjektive Gefühl, dass es unser Gegenüber ehrlich mit uns meint. Aber woran erkennen wir, dass eine andere Person wirklich authentisch und ehrlich ist?

Für mich hat das sehr viel mit Glaubwürdigkeit zu tun. Und dafür müssen der gesamte Auftritt, die Aussagen und die Körpersprache übereinstimmen. Grundvoraussetzung dafür ist, dass ich zuerst einmal das sage, was ich meine. Nur dann passen meine Behauptungen mit meiner Körpersprache überein, und dadurch wird mein ganzes Erscheinungsbild stimmig.

Ein Seminarteilnehmer erzählte mir dazu ein tolles Beispiel aus seinem Arbeitsalltag: In seiner Firma wurde in der Produktion ein Werkstück im Wert von 50.000 € falsch gefertigt, und die Mitarbeiter mussten extra in ihrer Freizeit in die Firma kommen und es noch einmal herstellen. Der Vorgesetzte holte sie anschließend alle zusammen und sagte zu ihnen: „Da bedanke ich mich, dass ihr das gemacht habt." Aber das in einem so sonderbaren Ton, dass sie nicht wussten, ob er sich nun wirklich bedankte oder ob er es zynisch meinte.

Das Um und Auf: Glaubwürdigkeit.

Deshalb ist es für eine glaubwürdige Kommunikation wichtig, wirklich das auszusprechen, was man meint, und das klar und deutlich, ohne Sarkasmus oder Zynismus, damit auch alle wissen, woran sie sind. Nur dann stimmt meine Körpersprache auch mit meinen Aussagen überein, nur dann wirke ich klar, echt und authentisch und mein Gesprächspartner weiß, woran er bei mir ist. Die daraus resultierende Berechenbarkeit und Konsequenz sind auch Eigenschaften, die für unsere Mitarbeiter

Achten Sie auf Ihre Gedanken!

wichtig sind, damit sie fühlen, dass sie sicher und gut geführt werden.

Zur Stimmigkeit gehört auch das Wissen über die eigenen Wertvorstellungen: Was ist mir wichtig, wonach richte ich mein Leben aus? Erst wenn ich mir darüber im Klaren bin, kann ich auch danach leben und werde für mein Umfeld authentisch und glaubwürdig. Reinhard K. Sprenger schreibt dazu: „Wenn Sie glaubwürdig sein wollen, nicht weil es moralisch gut ist oder von anderen anerkannt wird. Sondern weil Sie es gewählt haben." Es geht also um Ihre Selbstverantwortung.

Ehrlichkeit ist das Gegenteil vom Vorspielen falscher Tatsachen. Niemand will – weder privat noch im Business – mit Menschen verkehren, die sich mit falschen Titeln schmücken oder vorgeben, mehr zu haben oder zu sein, als sie wirklich sind. Gerade in unserer Branche, bei der Beratung und beim Coaching, ist es fatal, zum Beispiel falsche Referenzen anzugeben. Da hat gerade ein angeblicher Mentalcoach von sich reden gemacht, eine Dame, die horrende Tagessätze verlangte – mit der Begründung, dass sie Sebastian Vettel, Hermann Maier und Lindsey Vonn betreut habe. Aber nach einer **Ehrlich währt am längsten.** Weile kam auf, dass die angegebenen Referenzpersonen gar nichts von ihr wussten und auf Anfragen der Medien entnervt sagten, dass sie diesen Mentalcoach gar nicht kennen würden. Damit hat die Frau sich selbst, aber auch der ganzen Branche keinen guten

Dienst erwiesen. Nicht umsonst gilt das Sprichwort: „Ehrlich währt am längsten."

Authentisch sein heißt auch, seine eigenen Stärken und Schwächen zu kennen und Fehler oder Nichtwissen einzugestehen. Niemand fällt ein Zacken aus der Krone, wenn er anstatt falscher Angaben oder Aussagen einfach sagt: „Das ist nicht mein Spezialgebiet, aber wir könnten den Herrn Sowieso dazu fragen." Das wird als menschlich wahrgenommen, denn niemand ist perfekt. Somit heißt authentisch sein einfach, dass man „sich selbst ist" – mit allen Ecken und Kanten. Und das macht uns dann glaubwürdig.

Betonen Sie Ihre Stärken, aber gestehen Sie auch Ihre Schwächen ein.

Bernd Görner schreibt dazu: „Authentisch sein heißt:

* *Die Stimme von diesem Menschen ist wohlklingend,*
* *der Blick ist direkt und klar,*
* *das Lachen ist echt,*
* *der Händedruck ist angenehm,*
* *das Gefühl, das vermittelt wird, ist wohlwollend ...*

Authentische Menschen sind mit sich selbst gut in Kontakt und kommen deshalb auch gut bei anderen an. Sie kennen ihre Stärken und Schwächen, müssen nichts verbergen und können sich so auf das Wesentliche konzentrieren ..."

Zuverlässigkeit	sehr gut	gut	Defizit
Ich besitze Handschlagqualität.			
Andere sagen, dass man mit mir „Pferde stehlen" kann.			
Ich bereite mich auf Termine vor.			
Ich erledige meine Aufgaben sofort.			
Ich halte meine Zusagen ein.			
Ich bin pünktlich.			
Ich fühle mich verantwortlich.			
Ich bin für andere gut erreichbar.			
Ich bin verschwiegen.			

Ehrlichkeit und Authentizität	sehr gut	gut	Defizit
Andere Menschen sagen, dass sie sich in meiner Gesellschaft wohlfühlen.			
Andere Menschen wissen, woran sie bei mir sind.			
Ich kenne meine Stärken und Schwächen.			
Ich sage, was ich meine.			
Ich kenne und stehe zu meinen Werten.			

1 x 5 der Kontaktpflege

Die Kunst, in Kontakt zu bleiben

Kompetenz ausstrahlen! Haben Sie das schon einmal erlebt? Sie sitzen in einem Raum und es kommt eine Person herein, meistens sehr spät, erst kurz vor Beginn der Veranstaltung. Sie kennen diesen Menschen nicht, haben aber das Gefühl, dass er wichtig ist, dass Sie ihn gern kennenlernen wollen, dass es ein Mensch ist, der „was hat", der Charme und Charisma ausstrahlt.

Damit kommen wir zu einem weiteren Aspekt beim Thema Vertrauen. Vertrauen hat ja mehrere Komponenten: Ich vertraue mir selbst, oder andere vertrauen mir. Wenn es um Verlässlichkeit geht, ist es wichtig, dass andere mir vertrauen. Und

Souveränität als Grundstein des Erfolgs.

meine Ausstrahlung baut in erster Linie auf meinem Selbstvertrauen, meiner Souveränität auf. Wie Sie diese steigern können, erklärt der Top-Wirtschaftstrainer und Experte für Souveränität, Stéphane Etrillard, ausführlich in seinen Büchern. Souveränität ist für ihn der Schlüssel zum Erfolg. Wenn ich von Selbstvertrauen spreche, meine ich damit nicht Selbstliebe, Eitelkeit oder eine tolle Fassade, um andere zu beeindrucken, sondern es geht um Selbstsicherheit, es geht darum, in sich selbst zu ruhen und um seine Stärken und Schwächen zu wissen. Sprechen Sie von den Erfahrungen, die Sie gemacht haben, von Menschen, die Sie bereits kennen, denn damit beweisen Sie Kompetenz. Aber Vorsicht: alles mit Maß und Ziel, ohne Übertreibung.

Wenn Sie einen Titel haben, verwenden Sie ihn, er macht vieles leichter. Klar, an der Spitze sind Sie dann angelangt, wenn Sie Ihre Titel nicht mehr benötigen, aber um dorthin zu kommen, ist diese Form der Unterstützung auf alle Fälle erlaubt. Nur die Ausbildung allein macht es aber natürlich auch nicht aus, Sie müssen in Ihrem Fach am neuesten Stand, bestens informiert sein, sich wirklich auskennen und etwas zu sagen haben. Beteiligen Sie sich an Diskussionen zu Ihrem Thema, schreiben Sie Artikel darüber. So vermitteln Sie den Eindruck von Kompetenz und werden auch wahrgenommen. Wenn Sie auf einem Gebiet Experte sind, schauen Sie, dass Sie zu Podiumsdiskussionen eingeladen werden – so werden Sie sichtbar, und es wird Ihnen automatisch Kompetenz zugerechnet. Und denken Sie immer daran: Nur Ihre eigene Überzeugung vom dem, worüber Sie sprechen, gibt den Ausschlag.

Wenn Ihre Begeisterung, Ihr Engagement für das Thema oder Ihre Firma spürbar werden, dann wird der Funke zu Ihrem Gegenüber und dem Publikum überspringen. Nur: Dieses Feuer muss in Ihnen entfacht sein. Wie bereits Augustinus gesagt hat: „Es muss in dir brennen, was du in anderen entzünden willst." Sie

In Ihnen muss Feuer brennen. müssen zuerst einmal von sich selbst und vom dem, worüber Sie sprechen, überzeugt sein, erst dann können Sie andere von sich überzeugen. Hier geht es nicht ums Missionieren, es geht mir um Ihr persönliches Wissen, um Ihr Selbstvertrauen, damit Sie guten Gewissens sagen können: „Ich weiß, wovon ich spreche, da kenne ich mich aus." Wenn Sie genauer wissen wollen, wie sehr Sie von sich überzeugt sind, gibt es auf der Website www.convince.at einen Test für Sie. Und vergessen Sie nicht, dass Ihre Wirkung auch ganz stark davon abhängt, was Sie selbst von sich denken.

Kurz gesagt:

* *Was wir fühlen, denken wir.*
* *Was wir denken, strahlen wir aus.*
* *Was wir ausstrahlen, ziehen wir an.*

Beobachten Sie sich einmal selbst dabei, wie Sie sprechen, wie Ihre Stimme wirkt, wenn Sie von etwas wirklich überzeugt sind. Andere bemerken die Veränderung in Ihrem Gesicht, sehen das Funkeln in Ihren Augen. Sie werden feststellen, dass der Klang und die Intensität Ihrer Stimme ganz anders sind, wie wenn Sie von etwas reden, was Ihnen egal ist.

Menschen, die selbst begeisterungsfähig sind, können auch andere begeistern. Nur wenn Sie von sich selbst überzeugt sind, können Sie andere von sich überzeugen. Dann werden auch Sie zu denjenigen gehören, die sich auch durchsetzen können, die ihre Ziele kennen und wissen, was sie wollen und was nicht. Deshalb fällt es solchen Leuten auch nicht so schwer, Nein zu sagen. Das heißt aber nicht, dass Sie keine Hilfsbereitschaft zeigen sollen, sondern einfach dass Sie wissen, was Sie wollen. Und wenn Ihnen etwas nicht passt oder wenn Sie keine Zeit haben, dann müssen Sie auch etwas abschlagen können. Sonst ist man auch oft nicht mehr dazu in der Lage, bereits gegebene Zusagen einzuhalten.

Sympathie erwecken! Es geht in erster Linie um die gleiche Wellenlänge, um die Chemie, die stimmen muss. Und die ist gleich da, wenn wir merken, dass wir einander verstehen, dass wir etwas gemeinsam haben. Genau das gilt es, in einem Gespräch mit fremden Menschen herauszufinden. Denken Sie dabei an die schon erwähnten Punkte im Kapitel „Smalltalk": Haben wir ähnliche Interessen, gleiche Hobbys, Ausbildungen, gemeinsame Bekannte ...?

„Je ähnlicher wir uns sind, desto sympathischer sind wir uns, und je sympathischer wir uns sind, desto ähnlicher sind wir uns." Das ist eines der Natur- und Erfolgsgesetze des Experten für Sozialkompetenz, Eric Adler. Und diese Ähnlichkeiten dürfen nicht vorgespielt werden, sondern man muss sie herausfinden – mit interessierten, offenen Fragen. Es geht auch nicht darum, den anderen nach dem Mund zu reden oder – wie man im Volksmund sagt – „zu schleimen", indem man das sagt, was sie hören wollen, vor allem wenn wir es nicht meinen. Denn das merkt unser Gegenüber – wenn nicht bewusst, dann zumindest im Unterbewusstsein. Das machen nur Menschen, die sich anderen gegenüber nicht ebenbürtig fühlen, die das Gefühl haben, dass sie weniger wert sind

Seien Sie auf gleicher Augenhöhe. und in der Hierarchie niedriger stehen. Uns sind aber viel eher jene Leute sympathisch, denen wir auf gleicher Augenhöhe begegnen, die uns ebenbürtig sind. Haben Sie schon einmal eine „berühmte" Persönlichkeit kennengelernt? Wenn wir bekannten, prominenten Personen begegnen und die Gelegenheit haben, mit ihnen zu sprechen, wann sind sie uns sympathisch? Ich höre immer: „Der ist aber am Boden geblieben." Oder: „Der ist ja ganz nett, der hat sich ganz normal mit mir unterhalten." Auch solche Leute – übrigens auch Politiker – sind einfach Menschen, und wenn wir selbst unser Autoritäts- und Hierarchiedenken ablegen, können wir ganz leicht mit ihnen in Kontakt kommen, so wie wir unseren Nachbarn und Sportsfreunden begegnen. Dann sind wir auf gleicher Augenhöhe.

Seien wir mal ehrlich. Wer von uns will bei einer Veranstaltung, bei einer Feier bei jenen Leuten stehen, die ernst und verbittert über irgendein Thema diskutieren? Die meisten zieht es doch zu den geselligen Runden, dorthin, wo viel gelacht wird und wo was los ist. Deshalb ist es sinnvoll, sich Folgendes zu überlegen: Habe ich selbst lustige Geschichten, interessante Erlebnisse parat, mit denen ich auch eine größere Runde unterhalten kann? Es müssen nicht immer die Witze sein, bei denen sich alle auf die Schenkel klopfen. Es reichen amüsante Anekdoten aus dem eigenen Leben, lustig erzählt – und die können Sie sich vorab zurechtlegen. Das Wichtigste ist: Seien Sie positiv, reden Sie nicht schlecht über andere. Denn Sie wissen nie, wer wen kennt, wer mit wem verwandt ist. Nur so können Sie ungewollte Fettnäpfchen vermeiden.

Ich hatte einmal ein Bewerbungsgespräch mit einem jungen Mann, der bei einer meiner Konkurrentinnen gearbeitet hat. Natürlich habe ich ihn gefragt, wie er denn mit seiner vorherigen Chefin ausgekommen ist und wie die Zusammenarbeit war. Obwohl er mit ein paar abfälligen Bemerkungen bei mir hätte punkten können, ist ihm kein einziges schlechtes Wort über die Lippen gekommen. Damals habe ich mir gedacht: Wenn er in so einer Situation nicht lästert, wird er auch über mich nie schlecht reden. Und ich habe ihn eingestellt!

Menschen, die nicht schlecht über andere reden, Menschen mit positiver Ausstrahlung sind wie Magnete, die andere Menschen anziehen. Keiner von uns will mit den ewigen Jammerern, Nörglern und Heruntermachern zusammen sein und schon gar nicht länger in Kontakt bleiben. Denn das sind Leute, die Energie ziehen und nicht geben.

Positive Ausstrahlung wirkt wie ein Magnet.

Es geht darum, das Glas halb voll zu sehen, engagiert und aktiv zu sein und vor positiver Energie zu sprühen. Das ist es, was Menschen anziehend und sympathisch macht.

Wer von uns hört es nicht gern, wenn ihm Komplimente gemacht werden? Auch das ist eine Möglichkeit, sympathisch zu wirken. Und da spreche ich wieder nicht von Schleimen und Aufdringlichsein, sondern von echt gemeinten Komplimenten, von den Dingen, die Sie sich vielleicht oft denken,

Sprechen Sie ehrliche Komplimente aus.

dann aber doch nicht aussprechen. Einer bekannten Vortragenden gelingt es fast immer, bei allen Teilnehmern an einem Seminar eine positive Resonanz zu erzeugen. Wie sie das macht? Sie findet bei jedem etwas, was es zu loben oder hervorzuheben gibt. Hier nur einige Beispiele:

* *Die Farbe, die Sie tragen, steht Ihnen aber sehr gut.*
* *Da hat Ihre Firma schon sehr viel geleistet.*
* *Das ist eine tolle Idee, kann ich die in meinen nächsten Newsletter aufnehmen?*

Der springende Punkt dabei ist, dass man das Positive an anderen Menschen und in der Umgebung sieht und es auch ausspricht.

Wenn ich Personen kennenlerne, dann überlege ich zuerst immer, wen ich kenne, der für den anderen interessant oder hilfreich sein könnte, und bringe sie persönlich zusammen oder stelle zumindest den Kontakt zwischen den beiden her, damit sie voneinander profitieren können. Am idealsten ist es natürlich, Win-win-Situationen herzustellen, sodass beide davon profitieren – dann sind auch spätere Kooperationen sinnvoll. Zu überlegen, wo und wie man hilfreich sein kann, welchen Nutzen man stiften kann – auch das macht uns sympathisch. Nur wenn ich an all diesen Komponenten arbeite, kann der Funke überspringen.

Der US-amerikanische Psychologe Elliot Aronson nennt sieben Faktoren, die die Sympathie erhöhen:

* *Wir mögen Menschen, die uns nahe sind.*
* *Wir mögen Menschen, die ähnliche Ansichten haben.*
* *Wir mögen Menschen, die uns selbst ähnlich sind.*
* *Wir mögen Menschen, die Bedürfnisse haben, die wir befriedigen können.*
* *Wir mögen Menschen, die unsere Bedürfnisse befriedigen.*

✳ *Wir mögen Menschen, die über Fähigkeiten und Kompetenzen verfügen.*

✳ *Wir mögen Menschen, die angenehm sind und schöne Dinge tun und die uns mögen.*

✳ *Sympathie entsteht durch betonte Zustimmung, Ähnlichkeiten und Gemeinsamkeiten.*

(Aus: „Einfach mehr Charisma" von Claudia E. Enkelmann).

Systematisch agieren! Neben der Sympathie, der Wellenlänge, die wir benötigen, um in Kontakt zu bleiben, geht es auch um eine bewusste Systematik. Wenn wir mit mehr als 50 Personen regelmäßig in Verbindung sein wollen, bedarf es dazu eines Systems. Nein, es geht hier nicht um Berechnung, sondern darum, mit den Menschen, die wir mögen, den Kontakt ganz bewusst nicht abbrechen zu lassen.

Es bleibt Ihnen nicht erspart, Ihre Kontakte in Kategorien einzuteilen. Am einfachsten ist eine Einteilung in A, B, C, D, E, so wie bei der ABC-Kundenanalyse. Unter A notieren Sie die wichtigsten Kunden, die zum größten Umsatz beitragen, B sind die weniger wichtigen und C die unwichtigen. D können Verwandte oder Freunde sein und E Kooperationspartner. So können Sie auch all Ihre Netzwerkpartner klassifizieren. Vielleicht ist in Ihrer Branche das Empfehlungsmarketing besonders wichtig, dann ist sicher eine eigene Kategorie „Empfehler" sinnvoll oder so etwas wie interessante Netzwerkkontakte, an denen Sie dranbleiben wollen. Dann kann es noch sein, dass Sie in Vereinen oder Organisationen tätig sind. Überlegen Sie einmal: Wie viele von den Mitgliedern kennen Sie beim Namen, von wem wissen Sie den Nachnamen, von wem das Geburtsdatum und von wem die Hobbys? Wenn ich diese Übung in meinen Seminaren durchführe, wird allen, wenn sie ihre leeren Blätter ansehen, schnell klar: Hier gilt es anzusetzen.

Dazu müssen Sie sich zuerst eine Einteilung überlegen: Was bedeutet für Sie ein A-Netzwerkpartner? Wie oft wollen Sie diese Person sehen? Wie oft im Jahr mit ihr telefonieren? Genauso verfahren Sie nun mit allen anderen Kategorien. Dann müssen Sie alle Kontakte, die Sie haben, den jeweiligen Kategorien zuordnen. Natürlich ist das kein starres System. Genauso wie Sie einen Businessplan machen, sollten Sie einen „Kontakte-Plan" haben, über den Sie regelmäßig drüberschauen. Wenn Sie das viermal im Jahr machen, dann werden Sie leichter mit anderen in Verbindung bleiben können. Überlegen Sie auch, wie Sie diese Personen gemeinsam erreichen können. Vielleicht wäre eine Einladung zu einem gemeinsamen Essen sinnvoll oder der gemeinsame Besuch einer Veranstaltung? Immer willkommen ist mindestens einmal im Jahr ein Fest für alle. Sie werden sehen, auch wenn einige nicht kommen (können), jeder freut sich über eine Einladung, und viele rufen an und fragen, wie es Ihnen eigentlich geht – und Sie haben schon wieder einen Anknüpfungspunkt.

Überlegen Sie, wie Sie Ihre Kontakte einteilen.

Falls Sie sich jetzt fragen, wozu das alles gut sein soll, dann überlegen Sie, welchen Wert Ihr Netzwerk haben könnte.

Dazu überlegen Sie:

* *Wie viele Personen habe ich in meinem Netzwerk?*
* *Aus welchen Branchen setzen sich diese Leute zusammen?*
* *Aus welchen Lebensbereichen kommen sie? (Familie, Freizeit, Business, Ausbildung, ehemalige Arbeitsplätze ...)*
* *Wie oft bin ich mit ihnen in Kontakt (oft = 1 x pro Woche, manchmal = 1 x pro Monat, selten = 1 x pro Jahr)?*

Auf www.mynetworkvalue.com finden Sie eine schnelle Analyse, mit der Sie den Wert Ihres Netzwerks berechnen lassen können. Wichtig ist, dass Sie sich selbst mit Ihrem Netzwerk auseinandersetzen. Dass Sie erkennen, dass Sie – vielleicht ohne es bewusst zu wissen – viele Kontakte haben, vor allem solche vom Studium oder anderen Ausbildungswegen her, die sie nur wieder reaktivieren müssen, mit denen Sie nur neuerlich in Verbindung treten müssen und so wieder Vertrauen aufbauen können. Auch der Branchenmix ist zu beachten: Je mehr Menschen aus den unterschiedlichsten Bereichen Sie kennen, auf umso mehr Wissen und Kompetenz können Sie bei Fragen und Informationsbedarf zurückgreifen.

Kompetenz ausstrahlen	sehr gut	gut	Defizit
Ich achte auf meine Kleidung, mein Outfit.			
Ich habe eine klare, natürliche Sprache.			
Andere Menschen sagen von mir, dass ich Ausstrahlung und Charisma habe.			
Ich bin stolz auf mein Produkt, meine Firma.			
Ich habe eine anerkannte Ausbildung.			
Ich kenne mich in meinem Fachbereich aus.			
Ich weiß immer, wovon ich spreche.			
Ich kann mich durchsetzen und Nein sagen.			

Sympathisch wirken	sehr gut	gut	Defizit
Ich bringe andere Menschen zum Lachen.			
Ich finde im Gespräch schnell Gemeinsamkeiten.			
Ich fühle mich mit anderen auf gleicher Augenhöhe.			
Ich habe eine positive Einstellung.			
Ich rede nicht schlecht über andere.			
Ich vermittle Kontakte und Nutzen.			
Ich spreche öfters Lob aus.			
Andere sagen von mir, dass ich freundlich bin.			

Systematisch vorgehen	sehr gut	gut	Defizit
Ich habe meine Kontakte auf dem aktuellen Stand und in Kategorien eingeteilt.			
Ich habe einen Kontakte- oder Beziehungsmanagementplan.			
Meine Kontakte sind aus mehreren Branchen.			

Armin Kittl über systematisches Netzwerken:

Um Ihnen die Kunst des systematischen Netzwerkens näherzubringen, habe ich mit meinem Kollegen Armin Kittl, dem Experten für neue Lern-, Denk- und Arbeitsmethoden an der Erfolgsakademie für Genialität und Spitzenleistungen in Deutschland, ein Interview geführt, in dem er Ihnen zuerst über bekannte Netzwerktheorien berichtet und danach über seine eigene Methode, systematisch Netzwerke aufzubauen.

Armin, du verblüffst mit deinen Aussagen und genialen Denk-methoden seit Jahren Top-Unternehmen auf der ganzen Welt und hast dir mit deinen Erfolgstrainings mittlerweile eine riesige Fangemeinde geschaffen. Verratest du uns, wie es dazu gekommen ist?

Magda, lass mich einmal so beginnen: Es gibt eine Reihe von Netzwerktheorien, von denen ich drei kurz skizzieren möchte, damit du weißt, worum es im Großen und Ganzen geht. Zuerst einmal: Wer kennt nicht den Spruch: „Anzahl der Kontakte = Anzahl der Kontrakte?" Auf der Internetplattform XING zum Beispiel gibt es zwei Mit-

Netzwerktheorie 1 – Das Gesetz der großen Zahlen

glieder, Thorsten Hahn und Roman Retzbach, die nach dem Gesetz der großen Zahlen netzwerken. Beide haben über 30.000 Kontakte bei XING und zählen zu der „Elite" dieses Netzwerks für Beruf, Geschäft und Karriere. Bedeutet das aber automatisch, dass sie dadurch auch sehr viele Geschäfte erzielen und abschließen? Welche Vorteile und welche Nachteile fürs Netzwerken bringt es mit sich, wenn man derart viele Kontakte hat? Sehr gern wird beim Gesetz der großen Zahlen das Pareto-Prinzip (80:20) als Erklärung herangezogen. Viele Netzwerker gehen dabei von folgender Annahme aus: Wenn man zum Beispiel 30.000 Kontakte bei XING hat, sind einem auf jeden Fall 20 Prozent positiv gestimmt, 60 Prozent verhalten sich neutral, und 20 Prozent sind einem negativ gestimmt. Die einen sagen: „Wow, der hat aber ein großes Netzwerk und kennt bestimmt Gott und die Welt." Die negativ Gestimmten dagegen meinen: „Der hat so viele Kontakte, der ist nur ein Kontaktesammler, es ist unmöglich, so viele Kontakte richtig zu pflegen." Wer hat nun recht?

Als zweite Theorie möchte ich dir die Theorie der schwachen Bindungen von Mark Granovetter aus dem Jahr 1973 nennen, in der er bei der Art von persönlichen Beziehungen zwischen starken und schwachen Bindungen unterschei- det. Starke Bindungen bestehen in

Netzwerktheorie 2 – The Strength of Weak Ties

der Regel zum näheren sozialen Umfeld (Familie, Freunde etc.) und sind durch Emotionen und häufige und regelmäßige Kontaktaktivitäten untereinander gekennzeichnet.
Schwache Verbindungen dagegen haben oft einen pro- fessionellen Hintergrund und weisen keine oder deutlich weniger Emotionalität und seltenere und unregelmäßigere Kontaktaktivitäten untereinander auf. Dieser Umstand führt zu Granovetters Meinung, dass insbesondere schwache Bindungen für die Verbreitung von Informationen besondere (ökonomische) Bedeutung haben (diese Theorie bestätigt

im Moment vor allem Twitter). Wird Information über starke Bindungen übertragen, ist es sehr wahrscheinlich, dass die gleiche Person dieselbe Information mehrfach erhält, weil diese innerhalb des gleichen Netzwerks herumgeht und dadurch oft als Spam empfunden wird. Bei schwachen Bindungen und einer großen Anzahl an Verbindungen breitet sich Information auch in andere Netzwerke aus und weist dort als nicht-redundantes Wissen einen höheren (ökonomischen) Wert auf. Granovetter stellte seine Theorie aufgrund von empirischen Umfragen zum Thema „Wie findet man den richtigen Job?" auf – durch Verwandte, Freunde, Jobagenturen oder durch Zeitungsinserate? Er untersuchte also, inwiefern soziale Beziehungen bei der Stellensuche behilflich sein können, und fand heraus, dass die Hälfte der von ihm befragten Personen über persönliche Kontakte eine Stelle bekommen hatte, ganz nach dem Motto: Jemand kennt jemanden, der auch wieder jemanden kennt. Das Fazit lautete also: Schwache Bindungen (weak ties) sind nicht nur wesentlich hilfreicher, sondern auch effizienter als enge zwischenmenschliche Beziehungen oder gar formelle Stellengesuche.

Die Quintessenz war, dass vor allem diejenigen einen bei der Jobsuche weiterempfehlen, die einen nicht so gut kennen, ganz nach dem Motto: „Du, ich kenne da vielleicht jemanden, der könnte ganz gut passen."

Und drittens möchte ich dir die Theorie von Dr. Ivan Misner, der als „Vater des modernen Netzwerkens" gilt, erklären. 1983 gründete der weltweit anerkannte Experte für Business

Networking und Empfehlungsmarketing ein Unternehmer-netzwerk für Selbstständige und Geschäftsführer kleiner und mittelständischer Firmen (Business Network International, BNI), das vor allem aufgrund seiner strategischen Mund-propaganda bzw. seines strategischen Empfehlungsmarke-tings wegen berühmt wurde.

BNI ist mittlerweile in 51 Ländern vertreten und durch seine Unternehmerfrühstücke bekannt, die weltweit wöchentlich von 7.00 Uhr bis 8.30 Uhr stattfinden. Einziger Zweck dieser Treffen ist die Gewinnung neuer Kunden durch persönliche Empfehlungen, deutliche Umsatzsteigerungen aller Teilneh-mer sind das Ergebnis.

Aus den Erfahrungswerten der mittlerweile über 145.000 Mitglieder konnte Misner anhand empirischer Untersu-chungen erkennen, was einen erfolgreichen Netzwerker ausmacht. Das Schlüsselelement ist immer die persönliche Beziehung zu anderen Menschen, basierend auf gegenseiti-gem Vertrauen und beidseitigem Nutzen: Erfolgreiche Netz-werker kennen und leben nach Misners Erkenntnis den VCP-Prozess. Dabei steht das V für Visibility (Sichtbarkeit), das C für Credibility (Glaubwürdigkeit) und das P

**Netzwerktheorie 3 –
Der VCP-Prozess**

für Profitability (Profitabilität) des Kontakts. Und erst wenn alle Beteiligten von der Zusammenarbeit profitieren, dann funktioniert das System.

Derartige Beziehungen entstehen jedoch nicht über Nacht und auch nicht zufällig – sie müssen kultiviert werden. Seiner Ansicht nach ist jeder Empfehlungsprozess in diesen VCP-Prozess zu untergliedern. Für dich konkret bedeutet das:

Kategorisiere deine Kontakte in V-, C- und P-Kontakte, wobei du ähnlich wie bei deiner Kundenkategorisierung in A-, B- und C-Kunden vorgehst.

Welche dieser Netzwerktheorien bei den unendlich vielen Netzwerken nun am besten funktioniert, kannst du nur anhand eigener Erfahrungen und durch die Befragung bekannter und erfolgreicher Netzwerker entscheiden.

Und wie kann ich diese Theorien jetzt in die Praxis umsetzen? Das Ganze erscheint doch etwas kompliziert ...

Das ist genau mein Ansatz: Auch wenn netzwerken heute aufgrund der unendlichen Möglichkeiten komplex und kompliziert erscheint, so gibt es dafür doch geniale Tools, die die Sache extrem vereinfachen. Für ein möglichst effizientes und effektives Netzwerken habe ich den VCP-Prozess von Dr. Ivan Misner jahrelang analysiert und optimiert: Das Ergebnis ist das sogenannte V-C-PA-PB-PC-System, das meine Maxime „Geniales Netzwerken = Profitables Netzwerken" untermauert. Es ist an ein Punktesystem gekoppelt, das dir bei der Kategorisierung deiner Kontakte in den Netzwerken zu sehr großem Erfolg, das heißt zu einer wahren Auftragspipeline verhelfen wird.

Das V-C-PA-PB-PC-System des Genialen Netzwerkens

Im ersten Schritt habe ich eine Definition für V-, C-, PA-, PB- und PC-Kontakte festgelegt, sodass du beim Netzwerken nicht mehr Äpfel mit Birnen vergleichen musst, sondern einen einheitlichen Maßstab ansetzen kannst.

Kannst du uns das näher erklären?

Ja, natürlich. Lass mich also noch einmal wiederholen: Von Misner her kennen wir schon das V, das für Visibility (für diese Kontakte bist du nur ein sichtbarer Kontakt, quasi eine Adresse) steht, und das C für Credibility (für diese Kontakte bist du ein glaubwürdiger Kontakt). Das P für Profitabilität erweitere ich nun, und zwar folgendermaßen:

PA sind kleine Kunden, die einen nicht oder nur sporadisch weiterempfehlen. Der Gesamtumsatz mit diesem Kleinkunden ist kleiner als 2000 Euro pro Jahr. Als PB bezeichne ich Großkunden mit einem Jahresumsatz von mehr als 2000 Euro (er kann auch höher als eine Million sein), jedoch empfehlen diese Kunden mich nicht aktiv weiter. Und PC sind Großkunden mit einem Jahresumsatz von mehr als 2000 Euro, von denen ich noch zusätzlich aktiv weiterempfohlen werde.

Aber werden wir im nächsten Schritt etwas konkreter: Für einen V-Kontakt bin ich nur sichtbar – es ist also reiner Zufall, ob ich mit ihm ein Geschäft mache oder nicht! Die Mehrzahl meiner Kontakte in meiner Datenbank oder in anderen Netzwerken werden in der Regel V-Kontakte sein, das heißt, ich haben seine Daten, seine Anschrift etc., aber dieser Kontakt kennt mich und meine Produkte und Dienstleistungen nicht. Bei den C-Kontakten verhält es sich folgendermaßen: Für wie viele Menschen bin ich glaubwürdig? Was meinst du? Gehe alle deine Kontakte durch, die du persönlich kennst, und markiere sie mit einem C. Du wirst merken, dass mit vielen

Personen, auch wenn du schon jahrelang mit ihnen befreundet bist, keine Geschäftsbeziehungen zustande kommen, obwohl du davon überzeugt bist, dass deine Bekannten deine Dienstleistungen oder Produkte gut finden. Woran liegt das? Vom wirtschaftlichen Aspekt her ist es eindeutig effektiver und effizienter, wenn aus Geschäftspartnern Freunde werden als umgekehrt. Denn fast nie werden aus privaten Freunden Geschäftspartner. Deshalb muss man beim Netzwerken von Beginn an folgende Entscheidung treffen: Möchte ich Freundschaften aufbauen oder will ich profitable Geschäftspartnerschaften aufbauen – mit dieser Entscheidung trennt sich die Spreu vom Weizen!

Wie aber kann ich herausfinden, ob ich für jemanden glaubwürdig bin? Wenn zum Beispiel jemand in den sozialen Netzwerken (XING) seit drei Jahren mit mir „verxingt" ist, sie oder er meine Nachrichten liest, sich über mich erkundigt hat und Beiträge von mir gelesen hat, wir telefoniert haben und uns auch real getroffen haben, dann gehe ich davon aus, dass ich für diese Person glaubwürdig bin. Dann kommt der entscheidende Schritt.

Wie gewinne ich diese Person als Kunden oder als meinen Empfehlungsgeber, sodass diese Person ein P-Kontakt wird? Ganz einfach – ich muss ihr in diesem Stadium ein unwiderstehliches Angebot machen, bei dem sie nicht Nein sagen kann!

Das klingt sehr systematisch. Und wie kann ich den Erfolg so eines Systems nun messen?

Gehen wir nun noch einen Schritt weiter: Damit der Erfolg beim Netzwerken messbar gemacht werden kann, habe ich ein Punktesystem und Netzwerkkennzahlen entwickelt. Als Metapher für Handlungs-

anweisungen verwenden wir **Das Punkte- oder Ampelsystem**

eine Ampel mit den Farben

Rot (Stopp), Gelb (Aufmerksamkeit), Grün (Gas geben), es entspricht dem Prinzip von Säen, Gießen und Ernten.

V-Kontakte, also ein Kontakt, den ich nicht persönlich kenne, sind der Samen meiner Ernte. Ich markiere diese Kontakte mit der Farbe Rot (Stopp) und vergebe 1 Punkt.

C-Kontakte, das sind Personen, von denen ich glaube, dass ich für sie glaubwürdig bin, sind jene Kontakte, die seit Jahren von mir Informationen bekommen und diese auch lesen. Sie erhalten 5 Punkte und die Farbe Gelb! Warum gerade 5 Punkte? Im Verkauf ist es eine ungeschriebene Regel, dass man im Normalfall bis zu einem Vertragsabschluss ca. sieben Kontaktaufnahmen (Telefon, E-Mail, Brief, persönliches Treffen etc.) benötigt.

Der Prozess, dass der V-Kontakt zum C-Kontakt wird, ist der Vertrauensaufbau, quasi das Gießen des Samenkorns.

PA-Kontakte sind Kunden oder Empfehler, die mir im Jahr bis zu 2000 Euro Umsatz bringen, die mich aber nur sporadisch weiterempfehlen. Diese Grenze habe ich gewählt, weil bei Internetgeschäften heute 2000 Euro als magische Hürde gelten: Der potenzielle Kunde ist bereit, bis zu 2000 Euro zu investieren, ohne dass er mich persönlich kennt; aber er hält mich für glaubwürdig, zum Beispiel weil er schon viel von mir gelesen oder gehört hat, vielleicht auch von guten Bekannten.

Für einen PA-Kontakt vergebe ich 8 Punkte und die Farbe Grün. Die 8 Punkte ergeben sich aus dem Umstand, dass ein effektiver Verkäufer spätestens nach der achten Kontaktaufnahme zum PA-Status gekommen sein sollte, sonst ist er weder effektiv noch effizient.

Und noch eins: Ein Kunde wird mir normalerweise nicht sofort einen Millionenauftrag geben, sondern erst einen Testauftrag platzieren — und diesen auch nur, wenn er mich und meine Produkte und Dienstleistungen für glaubwürdig hält. Du kannst davon ausgehen, dass die meisten potenziellen Kunden risikoscheu sind und lieber von jemandem kaufen, dem sie vertrauen, als von jemandem, den sie nicht kennen. Aber bitte beherzige noch einen Tipp von mir: Wenn du deine Kontakte sehr genau kategorisierst und sehr viele C-Kontakte hast, dann biete diesen C-Kontakten einen konkreten Kauf- oder Empfehlungsanreiz an. Anhand der Netzwerkkennzahlen zeige ich dir später, wie du das machen kannst!

PB-Kontakte sind Kunden, mit denen ich mehr als 2000 Euro Umsatz pro Jahr mache. Es können auch Millionenkunden sein, das Entscheidende ist — von diesen Kunden werde ich nicht aktiv weiterempfohlen. Für einen PB-Kontakt vergebe ich 12 Punkte und die Farbe Grün.

Zusätzlich vergebe ich je 1 Bonuspunkt für jeweils 10.000 Euro Umsatz pro Jahr und multipliziere das Ganze mit der Anzahl der Jahre, die ich mit dieser Firma schon zusammenarbeite. Es ist nämlich ein Riesenunterschied, ob du mit einer Firma erst zwei Jahre zusammenarbeitest oder schon zehn Jahre lang und dabei gemeinsam einige Höhen und Tiefen durchgestanden hast.

Lass mich die Sache jetzt mit einem Zahlenbeispiel verdeutlichen: Die Firma BMW ist seit drei Jahren mein Kunde, und ich mache mit dieser Firma pro Jahr durchschnittlich 100.000 Euro Umsatz. Damit vergebe ich für die Firma BMW folgende Punkte:

(12 Punkte (da PB) + 10 Bonuspunkte (da 100.000/10.000 = 10)) x 3 (Anzahl der Jahre) = 66 Punkte

BMW würde in diesem Fall also 66 Punkte erreichen. Das Entscheidende aber ist: Ich werde von BMW nicht weiterempfohlen (vielleicht aus Angst vor Schmiergeld oder Bestechungen).

Und zu guter Letzt gibt es noch die PC-Kontakte, die Großkunden mit mehr als 2000 Euro Umsatz pro Jahr, von denen ich aktiv weiterempfohlen werde! Einem PC-Kunden vergebe ich als Ausgangsbasis 20 Punkte, und wieder für jeweils 10.000 Euro Umsatz je 1 Bonuspunkt; und diese Summe multipliziere ich wieder mit der Anzahl der Jahre meiner Zusammenarbeit!

Ein PC-Kontakt ist der Königsweg, das Optimum der Zusammenarbeit, er ist loyal, ein echter Partner. Optimalerweise wird er ein Win-win-win-Partner und ein echter Freund!

Aber Achtung! Angenommen, die Allianz Versicherung ist seit

fünf Jahren dein Kunde und ein PC-Kontakt, hat dich also aktiv weiterempfohlen und du hast dadurch Empfehlungsgeschäfte mit anderen Firmen abgeschlossen, dann solltest du auch Kundin bei der Allianz sein, und nicht, vielleicht weil du ein paar Euro pro Jahr bei einem Direktversicherer einsparen kannst, dorthin wechseln. Loyalität ist bei dieser Art der Partnerschaft der entscheidende Faktor.

Gibt es dafür ein Controlling, eine Art Kennzahlenmodell?

Ja, die von mir entwickelten Kennzahlen sind der Marketing-, der Sales- und der Empfehler-Value:
Der MV, das ist der Marketing-Value meines Netzwerks, setzt sich aus meinen V- und C-Kontakten zusammen. Der SV oder Sales-Value setzt sich aus allen meinen P-Kontakten, also PA, PB, PC, zusammen. Dann gibt es noch den PV oder Profitable-Value, das ist der MV (Marketing-Value) plus der SV (Sales-Value) meines Netzwerks. Und schließlich den RV oder Referral-Value (Empfehler-Wert), das ist der Umsatz der gegebenen Empfehlungen im Verhältnis zum Umsatz der erhaltenen Empfehlungen.

Nehmen wir der Einfachheit halber einmal ein konkretes Beispiel. Max Mustermann hat in seiner Kontaktdatenbank folgende Kontakte:

* 2000 V-Kontakte
* 150 C-Kontakte
* 100 PA-Kontakte

✳ 20 PB-Kontakte, mit denen er im Schnitt seit zwei Jahren zusammenarbeitet und pro Jahr im Schnitt 10.000 Euro Umsatz macht

✳ 3 PB-Kontakte, mit denen er im Schnitt seit fünf Jahren zusammenarbeitet und pro Jahr durchschnittlich 100.000 Euro Umsatz erzielt; wichtigster PC ist die Firma Esprit, mit der er seit fünf Jahren zusammenarbeitet und pro Jahr 300.000 Euro Umsatz macht

Und jetzt beginnt das große Rechnen:

Der MV: 2000 x 1 + 150 x 5 = 2750

Der SV: 100 x 8 + 20 x ((12+1) x 2) + 3 x ((20+10) x5) = 800 + 520 + 450 = 1770

Der PV = MV + SV = 4520

Den RV wollen wir an dieser Stelle vernachlässigen.

Das Entscheidende für dich ist: Welche Erkenntnisse kannst du jetzt aus diesen Kennzahlen ziehen und welche Strategie kannst du daraus ableiten?

Wenn du berühmt werden willst, dann brauchst du einen hohen MV oder Personen in deinem Netzwerk, die einen sehr hohen MV haben.

Wenn du mit einem möglichst geringen Aufwand sehr profitabel netzwerken willst, das heißt effizient und effektiv, dann brauchst du einen sehr hohen SV. Wieder ein Beispiel: Ich habe nur einen Kunden, mit dem ich zum Beispiel zehn Millionen Umsatz mache. Ich habe dann einen sehr hohen SV, aber zugleich ein sehr hohes Risiko: Wenn ich diesen Kunden verliere, stehe ich bei Null da.

Um dieses Risiko zu streuen, sollte mein Netzwerk einen hohen SV aufweisen, der sich auf einige PA, PB, PC verteilt.

Und wie kann ich diese Zahlen nun nutzen?

Aus diesen Zahlen entsteht Transparenz, und Transparenz ist Voraussetzung für Vertrauen, und Vertrauen ist Voraussetzung für Glaubwürdigkeit! Glaub mir, es ist leichter, jemandem etwas zu verkaufen, wenn du bei dieser Person bereits im Status C bist, als wenn du dich im Status V befindest. Wenn du in unserem Zeitalter der Informationsüberflutung deine V-Kontakte ständig mit neuen Angeboten „zumüllst", fühlen sich diese „zugespamt", sind genervt und werden im schlimmsten Fall Negatives über dich verbreiten.

Die beste Beziehung kannst du aufbauen, wenn du deinen Kontakten hilfst, erfolgreich zu sein, und wenn diese mit einem möglichst geringen Aufwand das maximale Ergebnis erzielen. Dazu ist es notwendig, dass der Netzwerkkontakt seine Ausgangsposition (mit dem Punktesystem kennt er seine Ausgangsposition) und seinen USP (sein Alleinstellungsmerkmal) genau kennt, denn nur dann kannst du den Kontakt weiterempfehlen, und begeistert wirst du diesen Kontakt nur dann empfehlen, wenn dieser im Status PC ist!

Helfen Sie Ihren Kontakten, erfolgreich zu sein.

Anhand der Zahlen kann ich also erkennen, ob jemand ein effizientes und effektives, also ein profitables Netzwerk hat oder nicht.

Kannst du uns auch noch konkrete Tipps zur Umsetzung dieser Zahlen geben?

Es gibt da natürlich viele Möglichkeiten. Ich möchte nur ein paar erwähnen. Bleiben wir beim Geschäft. Um möglichst viel Profit mit einem möglichst geringen Aufwand zu machen, konzentriere ich mich auf meine PC-Kontakte. Wenn ich noch keine habe, dann auf meine PB – hier schaue ich, dass ich eine Win-win-win-Partnerschaft mit dem PB aufbaue, sodass er zum PC wird. Wenn ich einen hohen MV habe, weil ich sehr viel Zeit in den sozialen Netzwerken verbringe, dann gebe ich kein Geld mehr für Marketing aus, sondern nutze meinen hohen MV durch die Vermarktung von Produkten, die einen klaren USP haben (Cross-Selling)!

Und noch etwas: Arbeite wenn möglich mit Menschen zusammen, die einen hohen RV haben. Diese Personen sind eher altruistisch veranlagt und helfen meist gerne.

Dann beginnst du damit, deine Kontakte zu kategorisieren – nach PC-PB-PA-C-V, das geht am schnellsten. Warum? Echte PC kennst du schon lange – diese Telefonnummern solltest du auswendig kennen; bei den PB schaust du in deine Buchhaltung, wer von ihnen ein Großkunde ist, das Gleiche machst du bei den PA; bei C-Kontakten unterscheidest du zwischen privaten C (sind meist Freunde, Bekannte, mit denen du eher familiär zusammen bist) und geschäftlichen C (das sind Personen, die deine Leistung und deine Produkte schätzen, aber noch nichts gekauft oder dich noch nicht weiterempfohlen haben, zum Beispiel Personen, die schon lange deine Newsletter lesen); der Rest sind V-Kontakte.

Eines ist noch wichtig: Mach alle drei Monate eine neue Bestandsaufnahme, eine Art Controlling, und du wirst sehen, wie dein Netzwerk an Qualität zunimmt. Mit PC-Kontakten musst du täglich in Kontakt treten; Anfragen von PC-Kontakten musst du sofort bearbeiten. Mit PB-Kontakten (Großkunden) haltest du mindestens jeden dritten Tag Kontakt; Anfragen von PB-Kontakten bearbeitest du innerhalb eines Tages. Mit PA-Kontakten solltest du den Kontakt intensivieren, also dich zumindest einmal pro Woche melden, damit sie zu PB oder PC werden. Mit C-Kontakten kannst du telefonieren und schauen, ob die Chemie stimmt und ob sie deine Denk- und Arbeitsweise verstehen und umsetzen wollen. Wenn ja, dann lohnt sich ein persönliches Treffen und ein Gespräch darüber, wie man sich gegenseitig unterstützen kann. V-Kontakte kannst du outsourcen: Telefonate sind hier noch Zeitverschwendung.

Wenn dir das jetzt zu viele Buchstaben, Punkte und Zahlen auf einmal waren, dann kann ich dich beruhigen. Das ist im ersten Augenblick normal. Der Mensch ist ein Gewohnheitstier, und alles, was er nicht kennt, lehnt er zuerst ab. Aber du kannst dir sicher sein: Mit diesem System kannst du garantiert effektiv, effizient und transparent netzwerken!

Und was würdest du unseren Leserinnen und Lesern am Schluss noch mit auf den Weg geben?

Es gehört Mut dazu, auf diese Art und Weise zu netzwerken. Denken Sie bitte daran – Vertrauen entsteht aus Transparenz und Taten, nicht aus Worten.

1 x 6
des Spaßfaktors

Die Kunst, gemeinsame
Erfolgserlebnisse zu schaffen

Gute Laune und Freude versprühen! Kennen Sie die Studie, in der steht, dass Kinder 400-mal am Tag lachen, Erwachsene dagegen nur mehr 15-mal? Was ist da im Laufe der Jahre eigentlich passiert? Das hat mich nachdenklich gemacht. Und dann habe ich mir überlegt: Wann und wie oft am Tag lache ich? Und Sie?

Je länger ich mich damit beschäftige, umso klarer wird mir, dass einer der wichtigsten Erfolgsfaktoren der Spaßfaktor oder – wie ihn andere bezeichnen – der „Feelgood Faktor" ist. Für mich geht es im Endeffekt darum, Lebensfreude zu besitzen und das auch auszustrahlen. Klar ist, dass es nicht immer nur Lustiges und Einfaches zu tun gibt. Um die tägliche Routine zu bewältigen, ist immer wieder auch Unangenehmes und Langweiliges zu tun. Die Frage ist nur: Wie ist Ihre Grundstimmung? Lassen Sie

Lachen ist gesund! sich durch Kleinigkeiten aus der Fassung bringen oder können Sie schnell darüber lachen. Die Menschen lieben es, mit Menschen zusammen zu sein, die Spaß haben, die lustig sind, denn im Grunde unseres Herzens hätten wir es alle gern lustig. Doch warum brauchen wir immer wieder andere dazu? Überlegen Sie und machen Sie sich am besten Liste:

* *Wann haben Sie sich das letzte Mal selbst eine Freude gemacht?*
* *Wann haben Sie das letzte Mal etwas Verrücktes getan?*
* *Wann haben Sie zum letzten Mal etwas gemacht, was Sie schon immer tun wollten, sich aber nie getraut haben?*

Denken Sie dabei nicht negativ, vermeiden Sie Gedanken wie: Was werden denn die anderen dazu sagen, das ist viel zu gefährlich, da kann mir was passieren. Denn es ist egal, was andere sagen, Sie können es sowieso nicht jedem recht machen, dem Einzigen, dem Sie es recht machen sollen, sind Sie selbst. Sie müssen sich bei dem, was und wie Sie die Dinge machen, wohl und gut fühlen.

Und zuletzt die wichtigste Frage: Wann haben Sie das letzte Mal so richtig herzlich gelacht? Ich meine nicht ein aufgesetztes Lächeln, das nicht bis zu den Augen geht, sondern das Lachen, das von innen kommt, das Sie strahlen lässt. Wissen Sie, warum ich das frage? Mein Au-pair-Mädchen, das schon sieben Monate bei uns war, sagte zu mir, als ich einmal über eine Ungeschicklichkeit meines Sohnes so richtig herzlich lachte: „Magda, das ist das erste Mal, dass ich dich richtig lachen gehört habe." Das gab mir sehr zu denken, und dann habe ich mich selbst beobachtet: Ich schaute damals nicht auf mich, nichts fiel mir leicht, es war alles so schwer, so ernst, so anstrengend und so ungerecht (da sind wir wieder bei dem „1 x 3 der inneren Einstellung"). Damals habe ich angefangen, mir mit kleinen Dingen immer wieder eine Freude zu machen, mir ein besonderes Buch zu kaufen, mir Zeit für mich selbst zu nehmen, mich mit positiven Menschen zu treffen oder mir selber Blumen zu kaufen. Womit können Sie sich eine Freude machen? Tun Sie es auch?!

Machen Sie sich regelmäßig selbst eine Freude.

Dann habe ich überlegt: Was macht mir wirklich Spaß? Was mache ich gern? Ich bin eine begeisterte Skifahrerin, wegen meiner kleinen Kinder hatte ich das Skifahren fast ganz aufgegeben, ich konnte ja nicht einen ganzen Tag wegbleiben, wenn ich sonst schon so wenig zu Hause war. (Das schlechte Muttergewissen lässt grüßen). Heute dagegen können die Kinder schon mit auf die Piste gehen, auch mit mir mithalten, und wir haben uns eine Saisonkarte geleistet – und wir haben zusammen viel Spaß.

Wobei haben Sie Spaß? Und wann gönnen Sie sich diese Freude? Warten Sie nicht bis zum Burnout, um sich Ihre Wünsche zu erfüllen. Was fällt Ihnen dazu ein?

Was hat das jetzt alles mit dem Netzwerken zu tun? Ich bin felsenfest davon überzeugt: Wenn wir nicht selber Spaß am Leben haben und das auch vermitteln können, werden andere Menschen nicht gern mit uns zusammen sein, denn solange wir uns selbst nicht mögen, wie *Ein Tag ohne Spaß* sollen uns da andere mögen? Ich habe *ist ein vergeudeter Tag.* eine Kollegin, Susanne Wendel, die das Buch „Feelgood Faktor" geschrieben hat. Sie ist eine tolle Rednerin, und man merkt es ihr an, dass sie Spaß auf der Bühne hat, und sie spricht auch über Spaß, das Business macht ihr Freude, und viele Menschen wollen mit ihr zusammen sein.

Also: Wenn Sie gerne tanzen, dann besuchen Sie einen Tanzkurs, wenn Sie gerne Sport machen, gehen Sie zu einem Verein und werden Sie dort aktiv. Organisieren Sie Sportevents, bei denen Sie mit Ihren Kunden und Kunden in spe als Mannschaft auftreten – beim Fußball, beim Golf oder beim Skifahren. (Wenn Sie dann auch noch gewinnen, ist der Abend perfekt. Falls nicht – geteiltes Leid ist halbes Leid.) Ich habe einmal eine Veranstaltung mit einem Küchenstudio gemacht, mit einem Koch, und die Weinkönigin war auch dabei. Jeder hat vier Kunden eingeladen, und wir haben

Feiern Sie gemeinsam!

zusammen gekocht, gemeinsam gegessen und gefeiert, und das den ganzen Abend lang. Eine tolle Möglichkeit, um zwanglos zusammenzukommen! Und ich habe Kunden mit gemeinsamen Geschäftsinteressen eingeladen. Dieser Abend war der erste Schritt zu einer weiteren geschäftlichen Zusammenarbeit, und danach gab es Folgetreffen. Und wie wir Vertrauen aufbauen, haben wir ja bereits gelesen.

Auch bei Netzwerkveranstaltungen merkt es jeder, ob Sie Freude daran haben, dort zu sein, ob Sie interessiert sind an den Menschen oder ob es nur eine lästige Pflicht für Sie ist. Deshalb gehen Sie nur zu Treffen, bei denen Sie Spaß haben und die Menschen, die dort sind, mögen, und nur zu einem Thema, das Sie interessiert. Es gibt so viele Möglichkeiten! Sie können überall netzwerken – suchen Sie sich die Gelegenheiten aus, bei denen Sie Spaß haben, und ich verspreche Ihnen: Das Geschäft kommt von allein.

Und noch etwas ist wichtig: Wie feiern Sie Ihre Erfolge? Sind Sie der Typ, der erreichte Ziele einfach abhakt und zum nächsten Problem übergeht, oder sind Sie in der Lage, Erfolge gebührend zu zelebrieren, am besten mit Ihren Mitarbeitern beziehungsweise mit jenen Menschen, mit denen Sie die Erfolge zustandegebracht haben.

Feiern Sie überhaupt gemeinsam mit Kunden und Freunden? Ihren Geburtstag oder andere Anlässe? Menschen machen lieber Geschäfte mit Freunden, mit Leuten, mit denen Sie auf gemeinsame Erlebnisse zurückblicken können. Und wie gesagt: Es funktioniert nur, wenn auch Sie selber daran Spaß haben, deshalb ist es ja so wichtig, gemeinsame, ähnliche Interessen zu haben, denn dann sind die gemeinsamen Erfolgserlebnisse auch viel leichter zu erreichen. Einer meiner besten Empfehlungspartner ist ein Kollege, der Qualitätsaudits macht. Wir haben bereits gemeinsame Veranstaltungen organisiert, zu gemeinsamen Abendessen eingeladen und sind Mitglieder in einem Klub, wo wir uns immer wieder treffen und austauschen. Nur mit regelmäßigen Telefonaten und Treffen und gemeinsamen Events funktioniert das gegenseitige Geschäft – und Geben und Nehmen sind in Balance.

Spaß haben	sehr gut	gut	Defizit
Ich bringe andere Menschen zum Lachen.			
Ich kann über mich selber lachen.			
Ich mache mir einmal am Tag eine Freude.			
Ich habe eine positive Einstellung.			
Ich kenne meinen Spaßfaktor.			
Ich habe Spaß an meiner Arbeit.			
Ich kann genießen.			
Ich kenne die Hobbys meiner Netzwerkpartner.			
Ich lade regelmäßig Freunde und Kunden ein.			

1 x 7
des Nutzens

Die Kunst, Win-win-win-Situationen herzustellen

Kooperationen bilden und Netzwerke gründen!

Eine Win-win-Strategie, auch als Doppelsiegstrategie bekannt, hat das Ziel, dass beide Beteiligten einen Nutzen erzielen. Das heißt aber auch, dass jeder Verhandlungspartner sein Gegenüber respektiert und versucht, dessen Interessen ausreichend zu berücksichtigen. Mit einem Wort: Von gleichwertigen Partnern wird um einen für beide Seiten positiven Interessenausgleich gerungen. Und wenn zwei voneinander profitieren, gewinnt auch meistens ein Dritter, nämlich der Kunde – also „win hoch drei". Eines muss man dabei aber bedenken: Diese Strategie ist eher auf langfristigen Erfolg und auf eine länger dauernde Zusammenarbeit als auf schnellen Gewinn ausgerichtet.

Bevor wir uns diesem Thema annähern, müssen wir aber noch etwas klären: Was ist eigentlich der Unterschied zwischen Netzwerken und Kooperationen? Als Netzwerk bezeichnet man „eine Gruppe untereinander verbundener Systeme, die in der Lage sind, miteinander zu kommunizieren. Ein Unternehmensnetzwerk ist also ein Zusammenschluss mehrerer Unternehmen, die bei Bedarf Informationen, Material, Arbeit, Know-how und dergleichen mehr austauschen können". Netzwerke benötigen zuerst einmal eine gemeinsame Problemsicht. Darauf folgt das Erarbeiten einer gemeinsamen Vision, zum Beispiel wo das Netzwerk in zehn Jahren stehen will. Daraus leitet sich die Strategie ab, wie diese Vision

> „Wer allein arbeitet, addiert.
> Wer zusammenarbeitet, multipliziert."
> (Orientalische Weisheit)

erreicht werden soll – mit welchen Zielen und welchen Maßnahmen, zuerst langfristig und dann hinuntergebrochen auf einzelne Jahresziele. Daraus ergeben sich automatisch Projekte, für die sich zwar jeder Einzelne verantwortlich fühlen sollte, die aber meist in Form von Kooperationen abgewickelt werden. Somit sind Netzwerke auch komplexer, da jeder mit vielen kommuniziert. Hier gibt es viele Akteure, die alle miteinander verbunden sind und im Gesamten ein System darstellen – ohne Zentren.

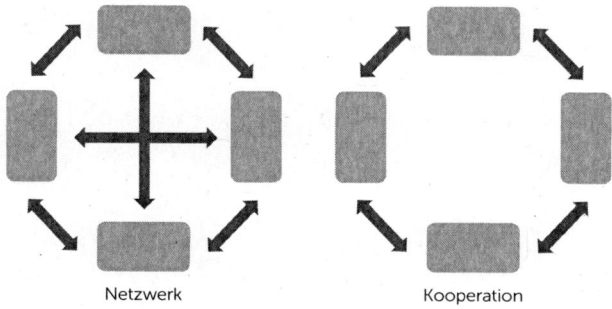

Netzwerk   Kooperation

Kooperation dagegen ist „eine vertraglich geregelte oder stillschweigend vereinbarte Zusammenarbeit rechtlich selbstständiger Unternehmen zur gemeinsamen Erfüllung von Aufgaben". Während sich der Begriff Kooperation also auf die Zusammenarbeit einzelner Organisationen oder Akteure bezieht, zielen Netzwerke auf eine Vielzahl an Kooperationspartnern ab. Allerdings wird die Unterscheidung zwischen Kooperation und Netzwerk nicht immer trennscharf verwendet, im Gegenteil, meist werden die beiden Begriffe synonym genutzt.

Nimmt man das deutsche Wort für Kooperation, nämlich Zusammenarbeit, und zerlegt es in seine Bestandteile, wird es noch deutlicher, worum es geht: „Zusammen" bedeutet eben eine gemeinsame Vorgehensweise, eine kollegiale Form auf gleicher Ebene und ein abgesprochenes Vorgehen. Das Wort „Arbeit" deutet auf den Umstand hin, dass Leistungen, Tätigkeiten und Aufgaben erledigt werden. Es wird also gemeinsam gearbeitet. Was bedeutet das konkret? Zwei oder mehr Menschen schließen sich zusammen, um gemeinsam ein Projekt zu verfolgen, einen Auftrag zu erledigen oder sich gegenseitig mit Aufträgen zu versorgen.

Der Nutzen von Kooperationen stellt sich wie folgt dar:

* *Erschließung größerer Dimensionen*
* *gemeinsames Auftreten und Image*
* *gegenseitige Aufträge, Motivation und Nutzen*
* *bewusste Ausschöpfung und Steuerung von Synergieeffekten (Best-of-everything organization)*
* *Verbesserung des Marktauftritts*
* *gegenseitige Informations- und Wissensbefruchtung*

Somit können Kooperationen in den unterschiedlichsten Bereichen stattfinden: für den Einkauf oder den Vertrieb oder – und das ist eine besonders effiziente Form – beim Marketing. Eine Marketingkooperation bezeichnet die Zusammenarbeit mindestens zweier Organisationen auf der Wertschöpfungsstufe des Marketings, mit dem Ziel, durch die Bündelung spezifischer Kompetenzen und/oder Ressourcen

Marktpotenziale auszuschöpfen. Marketingkooperationen machen immer dann Sinn, wenn sich die unterschiedlichen Marketingziele zweier Unternehmen in einer konkreten Leistung oder Maßnahme für den Endkunden in Einklang bringen lassen. Entscheidend ist, dass durch die Kooperation eine Win-win-win-Situation hergestellt wird, mit einem klaren Nutzen für beide Partner und für den Endkunden.

Marketingkooperationen erweitern die Perspektive des Marketings: Während es beim Marketing im Allgemeinen um die optimale Gestaltung der Beziehungen zwischen einem Unternehmen und seinen bestehenden sowie potenziellen Kunden geht, werden bei Marketingkooperationen die Aktivitäten darauf überprüft, inwiefern sich durch die Einbindung eines Partners die Beziehungen zwischen Unternehmen und Kunden verbessern lassen.

Im selben Zusammenhang werden unter anderem auch die folgenden Begriffe verwendet: Marketing-Allianz, Co-Marketing, Kooperationsmarketing und Cross-Marketing. Die Amerikaner sagen dazu Joint Venture Marketing.

Christian Görtz definiert Marketingkooperationen folgendermaßen: „... alle Formen der Zusammenarbeit, die Geschäftspartner eingehen, um neue Kunden zu gewinnen und vorhandene Kunden zu binden, indem sie von vorhandenen Kundenbeziehungen des jeweils anderen profitieren." Laut Görtz geht es darum, sein Denken zu verändern, nicht mehr länger darüber

Mehr dazu in dem Buch „Mehr Umsatz durch Marketing-Kooperationen" von Christian Görtz.

nachzudenken: „Wer ist mein Konkurrent und wie kann ich ihn schlagen", sondern „Mit wem kann ich mich verbünden, zu unserer beider Nutzen?" Die Verbindung von eigentlich miteinander konkurrierenden Fluglinien zu einem gemeinsamen Bonussystem unter dem Namen „Star Alliance" ist ein sehr bekanntes Beispiel dafür.

Voraussetzungen für den Erfolg von Kooperationen, aber auch von funktionierenden Netzwerken sind:

* *Kommunikation*
* *Transparenz*
* *Vertrauen*
* *Beiträge*
* *Verantwortung*
* *klare Vereinbarungen*
* *Finanzierung*
* *Qualitätskriterien und -kontrolle*
* *räumliche Nähe*
* *vergleichbare Betriebsgrößen*
* *regelmäßige Treffen*
* *Moderatoren*
* *Spielregeln*
* *eigenständige Rechtsform*
* *gemeinsame Vermarktung*

Wichtig ist eine Person, die sich für das Funktionieren der ganzen Sache verantwortlich fühlt: Das ist der sogenannte Networkbroker oder „das Reserl von Dienst". Die Person soll unabhängig von allen Mitgliedern sein und die Koordination und das Einbeziehen aller vorantreiben. Eine Bezahlung trägt stark zur Professionalisierung des Netzwerks bei. Trotzdem sollten sich die Partner verantwortlich fühlen, zumindest für die von ihnen übernommenen Projekte. Nur durch regelmäßige Treffen (einmal im Monat) können die Kommunikation und derselbe Informationsstand sichergestellt werden.

Die Rahmenbedingungen sollten festgelegt und schriftlich vereinbart werden. Die Mindestanforderungen sind:

* *Definition der Zusammenarbeit*
* *Ziele*
* *Vertraulichkeit*
* *Aufgabenverteilung*
* *Kostenverteilung*
* *Haftungsfragen*
* *Kommunikationsverhalten*

Ich möchte Ihnen noch ein paar Beispiele für die unterschiedlichsten Arten von Kooperationen aufzählen, die Sie sicher auch in Ihrem Bereich sofort und einfach anwenden können: Empfehlungen sind die einfachste Art, um Neukunden zu gewinnen. Wenn Sie andere empfehlen, dann werden auch Sie empfohlen werden. Natürlich müssen Sie von der Qualität und Leistung des anderen überzeugt sein. Durch das Vertrauensverhältnis, das sich so entwickelt, erhalten Sie einen Vertrauensvorschuss. Wichtig sind dabei die

Rückmeldungen nach Ihren Gesprächen. Fragen Sie, wie es verlaufen ist und bedanken Sie sich für die Empfehlung.

Wenn Sie sich mit einem starken Partner zusammenschließen, der einen guten Ruf genießt und der Sie vielen Kunden weiterempfehlen kann, dann sprechen wir von einer Huckepack-Beziehung. In einem meiner Seminare in Innsbruck suchte eine Masseurin nach einer Möglichkeit, für ihre Tätigkeit mehr öffentliche Aufmerksamkeit und Werbung zu erhalten. Gleichzeitig saß im Seminar der Vertriebsleiter der Tiroler Versicherungen, der erzählte, dass *Suchen Sie sich Partner!* seine Versicherung einmal pro Monat eine Aktion mache, bei der sich ein Kunde auf der ersten Seite der Versicherungs-Homepage präsentieren könne. Meine erste Frage an die Masseurin war natürlich: „Wo sind Sie versichert?" Und zu ihrem Glück war es die Tiroler Versicherung. Bald darauf war sie einen Monat lang auf der sehr gut besuchten Website präsent – natürlich mit einer Bonusaktion für Versicherungskunden: „Zahl eine und erhalte zwei Massagen."
Sie müssen nur mit offenen Augen und Ohren durch die Welt gehen, damit sich solche Kooperationen ergeben. Wer von Ihren Kontakten könnte so ein Kooperationspartner sein?

Unter Sponsoring versteht man die Förderung von Einzelpersonen, einer Gruppe, von Organisationen oder Veranstaltungen, mit der Erwartung, eine die eigenen Kommunikations- und Marketingziele unterstützende Gegenleistung zu erhalten. Überlegen Sie, wo Sie Gutes tun und damit

mit Ihrer Marke sichtbar werden können, sei es durch die Erwähnung auf einer Homepage oder auf dem Briefpapier des Gesponserten. Hier geht es nicht immer um Geld, auch Produkte oder Dienstleistungen lassen sich spenden – und beide Seiten profitieren. So kaufte die Scheelen AG als Sponsorpartner bei einer Rotary-Veranstaltung nicht nur einen Tisch, sondern stellte den Begünstigten, einem Institut für Sehfrühförderung, zusätzlich noch ihren Talentetest im Wert von 2700 Euro zur Verfügung. Natürlich wurde die Firma dafür speziell bei der Veranstaltung, in der Zeitung und auch im Nachbericht erwähnt. Sinnvoll ist es natürlich, wenn Sie damit auch Ihre Zielgruppe erreichen.

Auch Sie können zu einem „Verbinder" werden, wenn Sie überlegen, wie Sie Ihre Kunden miteinander verbinden können, sodass alle einen Nutzen generieren. Wie eine Dialogmarketingfirma, die ihre Kunden, einen Energieversorger, eine Zeitschrift und ein Reisebüro, zusammengebracht hat: Der Energieversorger wollte seinen A-Kunden etwas Gutes tun und sich bedanken, und die beiden *Verbinden Sie Ihre Kunden miteinander.* anderen wollten neue Kunden finden. Also versandte der Energieversorger gratis ein Drei-Monats-Abo der Zeitschrift an seine Kunden, gemeinsam mit einem Reisegutschein, mit dem der Urlaub besonders kostengünstig angeboten wurde. Die Zeitschrift und das Reisebüro gewannen viele neue Kontakte und sogar neue Kunden. Und was hatte die Dialogmarketingagentur davon? Sie hat natürlich den Brief an die Kunden und die Gutscheinaktion verfasst und das

Layout dafür gemacht. Somit haben alle gewonnen, und es hat nicht viel gekostet.

Wenn Sie Kooperationspartner suchen, wenn Sie ein neues Geschäft lukrieren wollen, dann ist für Sie in erster Linie eines wichtig: Wer greift auf dieselbe Zielgruppe zu wie Sie? Ausschlaggebend ist, dass man einen Partner findet, mit dem man gemeinsam eine Zielgruppe bearbeitet.

Lassen Sie mich das anhand eines Beispiels erklären. Ein aktuelles ist McDonalds und Shell: Wer bei McDonalds isst, bekommt einen Gutschein über zwei Cent je Liter für Benzin von Shell. Und beim Tanken gibt es ein McDonalds-Gutscheinheft gratis dazu. Das Ganze unter dem Motto „Tanken und doppelt mampfen". Oder: Eine Hotelkette in der Nähe des Flughafens macht Werbung für die Fluglinie German Wings, und die Luftlinie bietet dafür Rabatte für diese Hotelgruppe an (natürlich übernachtet die Crew in diesen Hotels).

Das Marketinggenie Jay Abraham nennt acht „Power Prinzipen" für erfolgreiche Marketingkooperationen:

* *Seien Sie ein guter Zuhörer.*
* *Sprechen Sie die Sprache Ihres Gegenübers.*
* *Lassen Sie Ihr Gegenüber erklären, was er oder sie wirklich braucht.*
* *Seien Sie ein Problemlöser.*
* *Konzentrieren Sie sich auf den anderen, nicht auf sich selbst.*
* *Verstehen Sie die Gefühle und Motive Ihres Gegenübers.*
* *Halten Sie ihre Kontakte nicht für selbstverständlich.*
* *Seien Sie authentisch.*

Andere Menschen und somit die Unternehmen werden aber nur mit Ihnen zusammenarbeiten, wenn Sie in der Lage sind, Nutzen bieten zu können.

Kooperationskompetenz	sehr gut	gut	Defizit
Ich kenne meine Positionierung.			
Ich kann den Nutzen für meine Leistung, mein Produkt formulieren.			
Ich kann meine Zielgruppe definieren.			
Ich habe Experten- bzw. Spezialistenwissen.			
Ich löse Probleme für meine Partner, meine Kunden.			
Ich verbinde meine Kunden miteinander.			
Ich weiß, was meine Kunden sonst beschäftigt.			

Zum Abschluss möchte ich Ihnen noch etwas Wichtiges mit auf den Weg geben: Unterschätzen Sie nicht die Macht der Gedanken und Ihrer Sprache für Ihre Kommunikation und den daraus resultierenden Vertrauensaufbau. Jeder Gedanke ist Energie.

Seien Sie wertschätzend und zeigen Sie Interesse, damit sich andere für Sie interessieren. Haben Sie Spaß an dem, was Sie tun, seien Sie hilfreich und bringen Sie Menschen und Unternehmen zusammen, damit alle voneinander und miteinander profitieren.

Und vergessen Sie nicht: Beim Reden kommen die Menschen zusammen. Und nur wenn Sie das alles auch anwenden, umsetzen und TUN, können Sie von diesem Buch profitieren. Viel Spaß und Erfolg dabei!

2.0 statt 1 x 8 ✳

Die Kunst des Netzwerkens in den sozialen Medien

Social Media-Etikette: Manche Menschen vergessen und übersehen, dass wir in den sogenannten sozialen Medien genauso achtsam und wertschätzend mit den
Menschen umgehen sollten wie in der realen Welt. Deshalb
empfehle ich Ihnen eines ganz dringend: Wenn Sie einer der
Internetplattformen beitreten, dann beobachten Sie zuerst
und schauen und hören Sie genau hin. Was finden Sie selbst
gut, was kommt bei Ihnen an? Wer verhält sich angenehm?
Was ist üblich, wie lauten die Regeln? Auf Facebook zum
Beispiel sind alle sofort per Du, egal ob sie sich kennen oder
nicht, auf XING dagegen läuft es etwas formeller ab. Was
passt zu Ihnen?

Wenn Sie sich für eine Plattform entschieden haben, auf der
Sie aktiv werden wollen, dann benötigt das Zeit, Sie sollten in
dieses Netzwerk regelmäßig hineinschauen. Und das nicht
nur einmal im Monat, sondern am besten täglich. Im Endeffekt gelten aber fast dieselben Regeln wie in der realen Welt.

Reden Sie mit Ihrer Zuhörer- beziehungsweise Leser-
schaft! Kommunikation ist das A und O. Im Vergleich zu
„herkömmlichen" Medien herrscht in Social Networks keine
einseitige Kommunikation. Führen Sie Dia-
loge, beteiligen Sie sich an Diskussionen   ***Das Schlüsselwort***
und schenken Sie den anderen Usern   ***ist Kommunikation.***
Aufmerksamkeit, seien Sie wertschätzend,
zeigen Sie Interesse und bieten Sie nützliche und interessante Inhalte an. Nur dann werden Ihre Blogs, Postings oder
sonstigen Aktivitäten im Internet auch gelesen und weiter-
verbreitet. Teilen Sie Ihre wertvollen Inhalte großzügig. Das

gilt vor allem für Ihre Newsletter. Achten Sie darauf, immer interessante Informationen zu geben und Vorteile für Ihre Leser anzubieten.

Nehmen Sie vor allem negative Kommentare ernst. Reagieren Sie darauf. Das ist wie beim Beschwerdemanagement: Seien Sie froh, dass Sie den Hinweis erhalten, dass Sie etwas verbessern können. Bleiben Sie sachlich, freundlich und kundenorientiert.

Aber: Der Ruf im Internet ist schnell ruiniert, und wer aufdringlich oder unehrlich ist, wird rasch aufgedeckt: Die Community reagiert auf solche Dinge schnell, und Sie finden sich Kommentaren ausgesetzt, die Ihnen sicher nicht gefallen werden. Deshalb sollten Sie immer wissen, was über Sie geschrieben wird, auch um reagieren zu können. Denn meist lässt sich mit raschen Antworten eine negative Meinung schnell aus der Welt schaffen. Nichts zu tun dagegen ist fatal. Aber damit Sie überhaupt wissen, **Aktivieren Sie Google Alerts.** was über Sie geredet wird und wo Sie erwähnt werden, aktivieren Sie Google Alerts, das sind E-Mail-Benachrichtigungen über die neuesten Google-Ergebnisse, mit Ihrem Namen, dem Namen Ihres Unternehmens und für Sie wichtigen Schlüsselwörtern. (Es geht ganz einfach, das habe auch ich geschafft. Nur im Google-Suchfeld auf Google Alerts klicken und den Anweisungen folgen.)

Im Social Web läuft die Kommunikation etwas schneller als beispielsweise bei einem E-Mail-Verkehr. Da ein Posting (eine Mitteilung, die man auf einer Plattform schreibt) eine Mischung aus Nachricht und Chat ist, erwartet man eine schnelle Reaktion auf Fragen, und zwar innerhalb der nächsten Stunden. Wie schnell erwarten Sie selbst eine Antwort auf ein Mail oder eine Anfrage im Internet? Innerhalb von **Agieren Sie zeitnah!** 24 Stunden oder nach zwei oder drei Tagen? Sie müssen also schnell und kundennah sein, aber niemals übertreiben und schon gar nichts verkaufen wollen.

Teilen Sie aber bitte nicht immer alles und jedes mit, überlegen Sie gut, was Sie posten wollen. Und auch immer wieder dasselbe zu schreiben, geht schnell auf die Nerven und bringt keinen Mehrwert. Wenn es nicht anders geht, versuchen Sie, denselben Inhalt an einem neuen Beispiel oder einem anderen Gesichtspunkt aufzuhängen.

Es geht aber auch darum, sich auszutauschen und nicht nur seine Produkte anzupreisen – auch das würde schnell dazu führen, dass Ihre Seite nicht mehr aufgerufen und schon gar nicht mehr gelesen wird. Und wenn andere merken, dass Sie die Inhalte nicht selbst verfasst und auf die Plattform gestellt haben – wie es oft bei Politikern passiert –, nehmen Ihnen das die Leute sehr übel. Sie wollen authentische, echte, eigene Mitteilungen haben. Der Content (Inhalt) wird erst wirklich gut, wenn er beispielsweise mit persönlichen Erfahrungen und passenden Kommentaren aufgewertet wird. Das macht Sie sympathisch und verleiht Ihrer Persönlichkeit Authentizität. So wie im realen Leben müssen auch in der virtuellen Welt Beziehungen und Vertrauen erst aufgebaut werden. Und soziale Medien können nur ein erster Schritt, ein Erstkontakt sein. Auch hier soll nichts überstürzt werden. Wichtig ist, dass Sie dranbleiben, egal in welchem Bereich.

Helfen Sie, wenn andere Hilfe benötigen, bieten Sie anderen Unterstützung an. Am besten ist, wenn Sie anderen eine regelrechte Bühne bieten. So hat sich schon ein ganz neuer Zweig des Marketings entwickelt, in dem man *Seien Sie sozial!* sich gegenseitig im Internet empfiehlt. Verlinken Sie sich mit anderen Homepages und stellen Sie andere Inhalte auch auf Ihrer Seite zur Verfügung, aber nicht als Ihre Beiträge, sondern natürlich unter den Namen der jeweiligen Verfasser. So ist allen geholfen, und es entsteht wieder eine klassische Win-win-Situation.

Ich habe mich über das komplexe Thema lange mit Stefan Helmreich, dem Social Media-Verantwortlichen der Wirtschaftskammer Steiermark unterhalten, der Ihnen Folgendes mit auf Ihren Weg durch die Welt der sozialen Netzwerke geben will:

Netzwerken im „Inter-Netz" **von Stefan Helmreich**, dem Social Media-Verantwortlichen der Wirtschaftskammer Steiermark:

„Gib mir Gehör, und ich werde dir Stimme geben." Dieses Zitat aus dem 18. Jahrhundert kann als Synonym für die Bedeutung der sozialen Medien in der heutigen Zeit stehen. Allein der Blick über das Mittelmeer auf die Demokratisierungsprozesse der nordafrikanischen Staaten zeigt ihre Macht. Aber sind Social Media (SM) auch für den österreichischen

Bürger, den Unternehmer oder Politiker nutzbar? Was sind soziale Netzwerke überhaupt? Per Definition geht es um das gemeinsame Erstellen von Contents (Inhalten) durch die User (Benützer) einer Plattform. Genau dieses „gemeinsame" Erstellen wird aber zur Gretchenfrage für den Einsatz von sozialen Medien und führt zu einigen Fragen, die man sich vor einem Engagement auf einer dieser Plattformen stellen sollte:

* *Bin ich persönlich begeistert von diesen Medien?*
* *In welcher Rolle nutze ich diese moderne Form des Netzwerkens (privat, als Vertreter einer Organisation, Behörde, Firma oder als Unternehmer)?*
* *Möchte ich einen zutiefst ehrlichen und öffentlichen Dialog mit meinen Freunden, Wählern, Kunden oder Mitarbeitern?*
* *Sind meine Mitarbeiter im realen und virtuellen Leben Botschafter meiner Firma?*
* *Hat jemand im Unternehmen Zeit beziehungsweise gebe ich ihm die Zeit und Fortbildung zur Betreuung dieser Aktivitäten?*
* *Erreiche ich meine Zielgruppe? Habe ich eine Strategie?*
* *Gibt es definierte Vorgehensweisen beziehungsweise Prozesse im Umgang mit diesen Medien?*
* *Wo bin ich vertreten?*

Nach der Beantwortung der gestellten Fragen kommt nun die Auswahl der Plattform, mit einem Wort: Wo möchte ich mich im reichhaltigen Angebot der sozialen Medien bewegen?

	Facebook	XING	Google+	Twitter	LinkedIn
Privat	x			x	
Privat (Künstler)	x	x	x	x	x
Politische Partei	x		x	x	
NGO	x	x	x	x	
Firma mit Privatkunden	x	x	x		
Firma mit Firmenkunden	x	x	x		
International tätige Firma	x	x	x	x	x

Weitere Plattformen wie studiVZ oder Netlog und viele andere verlieren immer mehr an Bedeutung und werden deshalb hier nicht berücksichtigt, können aber in besonderen Fällen dennoch eine Rolle spielen.

Wählen Sie zuerst Ihre Plattform(en) nach Ihrem persönlichen Interesse und der oben angeführten Tabelle unter dem Motto „Nur was man gerne macht, macht man gut!" aus. Als nächsten Schritt definieren Sie Ihre Strategie, die einer genauen persönlichen Bedarfsanalyse bedarf, die man sehr rasch durchführen kann, indem man den Zweck und die technischen Möglichkeiten der gewählten Plattform(en) erfasst – je nachdem, was Sie wollen: einen

Wie und mit welcher Strategie bin ich vertreten? privaten, beruflichen oder sonstigen Auftritt. So ist es zum Beispiel auf Facebook sehr leicht, durch das Anlegen von „Freundesgruppen" oder durch das Trennen von privatem Profil und beruflicher Seite zwei oder mehr Facetten seiner Persönlichkeit darzustellen. Es ist auch einfach, eine Verknüpfung mit einem Twitter-Account herzustellen, um

ohne jeglichen Mehraufwand auch die Nutzer dieser Plattform zu erreichen.

Um die richtige professionelle Strategie zu finden, bedarf es
einiger Zeit und einer genauen Betrachtung der technischen
Komponenten, der persönlichen Ziele und der Anpassung
an das „reale Leben". Am Beispiel der Wirtschaftskammer
Steiermark möchte ich Ihnen die Entstehung einer Social
Media-Strategie erläutern. Zum besseren Verständnis muss
man zu allererst verstehen, dass die WK Steiermark auch im
realen Leben die Businessplattform der Unternehmer ist. Das
Angebot spannt seinen Bogen über die drei Kernaufgaben
Bildung, Service und Interessenvertretung.

Am Beginn der Strategieentwicklung stand die Zieldefini-
tion wie eine Neuausrichtung in der Kundenbindung, eine
Nutzung der Social Media, um auch die steigende Anzahl
der Ein-Personen-Unternehmen besser betreuen zu können,
sowie die Möglichkeit, zielgruppengerechte Informationen
für alle Kundengruppen ge-
trennt nach fachlicher und re-   *Aber genügt das, um auch pro-*
gionaler Zugehörigkeit bieten   *fessionell online zu netzwerken?*
zu können. In der Ist-Analyse
wurde auf sämtliche Besonderheiten und die Struktur der WK
und die Erkenntnisse der Wissenschaft sowie die Bedeutung
von viralem Marketing im modernen Kundenbeziehungsmanagement eingegangen. (Unter viralem Marketing versteht man eine Marketingform, die soziale Netzwerke und
Medien nutzt, um mit einer meist ungewöhnlichen oder

hintergründigen Nachricht auf eine Marke, ein Produkt oder eine Kampagne aufmerksam zu machen.)

Die Anspruchsgruppenanalyse beurteilte die Wirkung auf Kunden (Mitglieder), Mitarbeiter und Funktionäre. In der Datenanalyse wurden die Eckdaten der einzelnen Plattformen und die bestehenden Kommunikationswege und Abläufe untersucht und auch abgefragt. Es wurden Rahmenbedingungen in Form von Arbeitsprozessen und Dienstanweisungen erarbeitet, die ein einheitliches Vorgehen ermöglichen. Im Rahmen einer Regionalstelle wurde ein Pilotprojekt durchgeführt, das den Medienmix von Social Media und herkömmlichen Kanälen verband. Es folgte die Einrichtung des Auftritts der Wirtschaftskammer Steiermark. In den Anweisungen und Empfehlungen an die Mitarbeiter und Funktionäre wurde besonders Bedacht auf die rasche und unkomplizierte Integration in die täglichen Arbeitsabläufe genommen, mit dem besonderen Vorteil einer relativ jungen Mitarbeiterstruktur, die zu einem Großteil aus Digital Natives (also aus Menschen, die mit diesen Medien aufgewachsen sind) besteht.

Wir sehen also: Umso größer die Firma, Interessenvertretung, Partei usw. ist, umso länger dauert die Strategieentwicklung, das heißt aber nicht, dass die Berücksichtigung der oben genannten Punkte bei einem rein „privaten" Engagement zur Gänze ausbleiben kann.

Für Unternehmer empfehle ich einen Blick in die „Social Media Guidelines" auf der Homepage der WKÖ.

Zum Schluss möchte ich Ihnen noch ein paar Tipps zum täglichen Umgang mit sozialen Medien geben.

* Lernen Sie, Social Media zu lieben!
* Integrieren Sie die Arbeit in den sozialen Netzen in Ihren Tagesablauf – via Smartphone, Tablet oder Laptop!
* Verknüpfen Sie Ihre Kontakte aus Facebook oder XING mit Ihrem Smartphone, um zu jedem echten Kontakt und jeder angenommenen Visitenkarte auch das Gesicht parat zu haben!
* Bleiben Sie am Ball – Ihre Strategie sollte auf die raschen Veränderungen der Social Media-Plattformen reagieren können!
* Reagieren Sie auf die Kritik Ihrer „Freunde" und löschen Sie nur bei wirklich extremen Postings!
* Überlegen Sie sich vor allem bei größeren Organisationen Notfallpläne für „Shitstorms"!
* Das Internet und somit auch die sozialen Netzwerke sind kein rechtsfreier Raum (Bildrechte, Urheberrechte)!
* Nur weil Sie nicht aktiv in sozialen Netzwerken vertreten sind, kann trotzdem über Sie berichtet werden – ohne dass sie es merken!
* Seien Sie nicht zu professionell, Social Media leben auch davon, dass es dort „menschelt"!
* Halten Sie Ihr Profil aktuell!

Und bitte vergessen Sie nicht: Sie können als Netzwerker im Web nur zwei Kardinalfehler begehen:

Nicht vertreten sein!
Ohne Strategie vertreten sein!

Literatur

Jay **Abraham,** *Joint Ventures: From Mediocrity to Millions,* Torrence 2005.

Eric **Adler,** *Schlüsselfaktor Sozialkompetenz,* Berlin 2012.

Magda **Bleckmann,** *Die geheimen Regeln der Seilschaften,* Graz 2010.

Dale **Carnegie,** *Wie man Freunde gewinnt,* Frankfurt a. M. 2006

Claudia E. **Enkelmann,** *Einfach mehr Charisma,* Wien 2010.

Experts Group Kooperationen & Netzwerke, *Erfolgreich mit Kooperationen und Netzwerken – Experten berichten aus der Praxis für die Praxis,* 2012.

Bernd **Görner,** *Wie man Menschen für sich gewinnt,* München 2008.

Christian **Görtz,** *Mehr Umsatz durch Marketingkooperationen,* Offenbach 2010.

Martin **Limbeck,** *Nicht gekauft hat er schon,* München 2011.

Uwe **Scheler,** *Erfolgsfaktor Networking,* München 2003.

Hermann **Scherer,** *Wie man Bill Clinton nach Deutschland holt,* Frankfurt a. M. 2006.

Reinhard K. **Sprenger,** *Das Prinzip Selbstverantwortung,* Frankfurt a. M. 2005.

Susanne **Wendel,** *Der Feelgood Faktor,* München 2011.

Die Autorin

 Magda Bleckmann, Mag. Dr., war 15 Jahre in der österreichischen Spitzenpolitik tätig und ist heute erfolgreiche Unternehmerin, Keynote-Speakerin, Spitzentrainerin, Businesscoach und Dozentin an verschiedenen Fachhochschulen. Ihr Bestseller „Die geheimen Regeln der Seilschaften" ist zum Standardwerk in vielen Chefetagen geworden.

Als Expertin für exklusive Karrierenetzwerke und Kundenbeziehungsmanagement veranstaltet sie impulsive Vorträge, Workshops, Trainings und Coachings (mit bisher über 21.000 TeilnehmerInnen), unter anderem zu folgenden Themen:

* *Netzwerke als Karriere- und Umsatzturbo*
* *Die Macht der Sprache – Wie Sie überzeugend und kraftvoll kommunizieren*
* *Ergreifen Sie für sich Partei – Wie Sie sich und Ihr Unternehmen sichtbar machen*
* *Seien Sie empfehlenswert – Wie aus Ihren Kontakten Empfehler werden*
* *Gewonnen wird im Kopf – Grundprinzipien des Erfolgs*

Mag. Dr. Magda Bleckmann
Unternehmensberatung

Polzergasse 32
8010 Graz
0043 (0) 664 825 7777
office@magdableckmann.at

www.magdableckmann.at

Lernen von den Besten – prominente österreichische Netzwerker verraten ihre Erfolgsgeheimnisse!

Netzwerken ist nicht nur das Sammeln von Visitenkarten, sondern schlicht und einfach die Kunst, Beziehungen aufzubauen und zu pflegen. Und das lange, bevor sie benötigt werden. Dabei geht es um die innere Einstellung, mit der wir auf Menschen zugehen, und die systematische und bewusste Pflege von Kontakten. Wie Sie diese Fähigkeiten ausbauen und Ihre persönliche Netzwerkstrategie entwickeln können, lesen Sie in diesem Bestseller!

Mit Interviews und Erfolgsstrategien von bekannten Netzwerkern aus den unterschiedlichsten Bereichen, z. B. Christian Konrad, Veit Sorger, Ronny Leitgeb, Elmar Oberhauser, Wolfgang Rosam, Eva Dichand, Uschi Fellner und anderen.

„… Ihr Vortrag sowie Ihr Buch haben mir sehr viel Inspiration geschenkt. Vielen Dank dafür!"
Britta Beyer, Premiumservice – Lifecoaching

www.leykamverlag.at